Артем Михеев

Локальная устойчивость ортотропных оболочек на упругом основании

AF154060

Артем Михеев

Локальная устойчивость ортотропных оболочек на упругом основании

LAP LAMBERT Academic Publishing

Impressum / **Выходные данные**

Bibliografische Information der Deutschen Nationalbibliothek: Die Deutsche Nationalbibliothek verzeichnet diese Publikation in der Deutschen Nationalbibliografie; detaillierte bibliografische Daten sind im Internet über http://dnb.d-nb.de abrufbar.

Alle in diesem Buch genannten Marken und Produktnamen unterliegen warenzeichen-, marken- oder patentrechtlichem Schutz bzw. sind Warenzeichen oder eingetragene Warenzeichen der jeweiligen Inhaber. Die Wiedergabe von Marken, Produktnamen, Gebrauchsnamen, Handelsnamen, Warenbezeichnungen u.s.w. in diesem Werk berechtigt auch ohne besondere Kennzeichnung nicht zu der Annahme, dass solche Namen im Sinne der Warenzeichen- und Markenschutzgesetzgebung als frei zu betrachten wären und daher von jedermann benutzt werden dürften.

Библиографическая информация, изданная Немецкой Национальной Библиотекой. Немецкая Национальная Библиотека включает данную публикацию в Немецкий Книжный Каталог; с подробными библиографическими данными можно ознакомиться в Интернете по адресу http://dnb.d-nb.de.

Любые названия марок и брендов, упомянутые в этой книге, принадлежат торговой марке, бренду или запатентованы и являются брендами соответствующих правообладателей. Использование названий брендов, названий товаров, торговых марок, описаний товаров, общих имён, и т.д. даже без точного упоминания в этой работе не является основанием того, что данные названия можно считать незарегистрированными под каким-либо брендом и не защищены законом о брендах и их можно использовать всем без ограничений.

Coverbild / Изображение на обложке предоставлено: www.ingimage.com

Verlag / Издатель:
LAP LAMBERT Academic Publishing
ist ein Imprint der / является торговой маркой
OmniScriptum GmbH & Co. KG
Heinrich-Böcking-Str. 6-8, 66121 Saarbrücken, Deutschland / Германия
Email / электронная почта: info@lap-publishing.com

Herstellung: siehe letzte Seite /
Напечатано: см. последнюю страницу
ISBN: 978-3-659-21927-6

Zugl. / Утверд.: Санкт-Петербург, Санкт-Петербургский государственный университет

Оглавление

Введение

Актуальность темы. Оболочечные конструкции на упругом основании и с упругим заполнителем в настоящее время широко применяются в самолетостроении, судостроении, строительстве и других отраслях промышленности. Многолетние исследования и практика эксплуатации таких конструкций позволили выявить их основные преимущества. Конструкции с заполнителем при относительно небольшой массе обладают высокими характеристиками прочности и жесткости. Применение оболочек с упругим заполнителем позволяет эффективно увеличить значение критической нагрузки. Несущие слои, подкрепленные заполнителем, могут выдерживать высокие напряжения сжатия, превышающие предел упругости материала. Кроме того, такие конструкции обладают хорошими звуко- и теплоизоляционными свойствами.

Обзор исследований устойчивости оболочек, связанных с упругим телом. Изучению устойчивости оболочек на упругом основании посвящено большое количество работ, различных как по постановке, так и по применяемым моделям для их решения. Весьма подробный обзор такого рода исследований приведен в книге [30].

Вопрос о потере устойчивости оболочек, связанных с упругим телом, восходит к контактным задачам "пластина — упругое основание". Задачи такого рода изучались В.М. Александровым [4], Б. Л. Пелехом и Р.Д. Сысаком [55, 56]. Устойчивость стеклопластиковых пластинок моделей Кирхгофа — Лява и Тимошенко, покоящихся на упругом винклеровском основании, рассматривали Б. Л. Пелех, Г.А. Тетерс и Р.В. Мельник [54]. Устойчивость пластин на упругом предварительно напряженном основании была подробно изучена П.Е.Товстиком [65, 66]. В работах [27, 54, 74] реакция прямоугольной пластины(основания) также принималась согласно моделям Винклера или Пастернака, в других [22, 23, 24] реакция упругого тела находилась из решения уравнений теории упругости.

Основание Винклера с коэффициентом постели α — наиболее простая и распространенная модель для заполнителя оболочки. Согласно этой модели, реакция упругого основания P принимается пропорциональной прогибу w: $P = \alpha w$. Ее обобщением служит модель Пастернака [52, 53] с двумя упругими характеристиками $P = \alpha w + \beta \nabla^2 w$, где ∇^2 — двумерный оператор Лапласа. Такая постановка позволяет сравнительно просто получить решение, которое дает хорошее представление о качественной картине потери устойчивости оболочечных конструкций.

Среди множества видов оболочек, благодаря их широкому применению, особое внимание уделено оболочкам цилиндрической формы. Контактное взаимодействие цилиндрической оболочки с упругим основанием было проанализировано Л.В. Божковой [8, 9], а также Р.М. Зариповым и В.А. Ивановым [28].

В статье [37] определены верхняя и нижняя критические нагрузки на цилиндрическую оболочку средней длины. Полученные результаты показывают, что во-первых, наличие заполнителя может существенно повысить критическую нагрузку. К примеру, в случае радиального давления на бесконечную цилиндрическую оболочку критическая нагрузка будет иметь следующий вид:

$$q = \frac{Eh^2}{R^2}(1 + \omega_1)\sqrt{\frac{1 + \omega_2}{3(1 - \nu^2)}}$$

где E, ν — модуль Юнга и коэффициент Пуассона для материала оболочки соответственно, $\omega_i = \dfrac{\alpha_i R^2}{Eh}$ (i=1,2), α_1, α_2 — коэффициенты постели до и после потери устойчивости соответственно. Во-вторых, верхняя и нижняя критические нагрузки растут с увеличением жесткости заполнителя ω_2, а разница между ними исчезает уже при незначительной жесткости ($\omega_1 = \omega_2 = 0.005$), и они становятся практически равными. Явления хлопка при этом не возникает.

Задача устойчивости тонкостенной цилиндрической оболочки модели Кирхгофа — Лява под действием внешнего давления и равномерного нагрева впервые была рассмотрена Б. А. Корбутом в [36]. Упругий заполнитель моделируется винклеровским основанием, нагрев заполнителя не учитывается. Тот же автор в [35] рассматривает задачу потери устойчивости сферической оболочки с заполнителем. Исследования устойчивости оболочек сферической формы показывают, что качественная сторона потери устойчивости в них аналогична цилиндрическим, а именно, при относительно жестком заполнителе явление хлопка не реализуется [33] и начиная с некоторой температуры, увеличение жесткости заполнителя не приводит к заметному увеличению критического давления [35].

Работа О. Н. Иванова [29] посвящена локальной устойчивости бесконечно длинной толстостенной цилиндрической оболочки, частично заполненной упругим заполнителем, под воздействием внешнего давления. Величина критической нагрузки получается в виде характеристического числа однородного интегрального уравнения Фредгольма с симметричным ядром.

А.В. Карасев и И.С. Малютин в [31] исследовали вопрос устойчивости стеклопластиковой цилиндрической оболочки из ортотропного материала с упругим заполнителем при действии крутящих моментов, приложенных к краям оболочки. Заполнитель рассматривается как изотропный упругий цилиндр, скрепленный по внешней поверхности с оболочкой. Получены выражения критических напряжений для бесконечно длинной оболочки и оболочки конечной длины.

В.И. Микишевой был изучен вопрос о влиянии жесткости упругого заполнителя на форму потери устойчивости и величину критической нагрузки цилиндрических оболочек из ортотропного стеклопластика при осевом сжатии [39]. Получены параметрические уравнения для определения критической нагрузки, а также рассматривается влияние центрального отверстия в заполнителе на критическую нагрузку. Немного позднее С.Н. Сухининым совместно с В.И. Микишевой и В.И. Смыковым были проведены экспериментальные исследования потери устойчивости цилиндрических оболочек из ортотропного тканевого стеклопластика с резиноподобным заполнителем [60]. Как показал проведенный анализ, для заполнителей малой жесткости ведущую роль в сопротивлении системы играет непосредственно сама оболочка. Если заполнитель становится достаточно жестким, влияние кривизны оболочки становится малым и оболочка работает как бесконечная пластина на упругом основании.

Цилиндрическим оболочкам с заполнителями, моделируемыми основаниями Винклера и Пастернака, также посвящены работы [75, 77, 79, 80, 102, 103].

В.П. Георгиевским в рамках трехмерной модели теории оболочек была решена задача устойчивости ортотропной цилиндрической оболочки с заполнителем под действием внешнего нормального давления [14, 15]. Похожая задача, но в рамках теории Кирхгофа — Лява, рассматривалась А.Н. Громовым в [20, 21]. Сравнительные характеристики, приведенные авторами в [6], показали, что во многих случаях модель Винклера дает сильно заниженные значения критической нагрузки по сравнению с трехмерной моделью.

К работам, где заполнитель считается трехмерным упругим телом, относятся также [73, 76, 78, 82, 83, 88, 89, 92 — 97, 100, 101, 104].

Влияние граничных условий на краях оболочки на величину верней критической нагрузки анализируется в работе [34]. Как показывают полученные результаты, это влияние существенно лишь при незначительной жесткости заполнителя ($\omega_2 \leq 0.02$).

В монографии [6] проанализировано влияние нагрева ортотропных оболочек с изотропным заполнителем на величину критической нагрузки. Полученная зависимость показывает, что нагрев уменьшает критическую нагрузку при нагружении оболочек осевым сжатием и кручением. Это обусловлено не только падением жесткостных характеристик оболочки, но и влиянием температурных усилий.

Учет поперечных сдвигов в оболочках, описываемых моделью Тимошенко [5, 7, 13, 99], показывает, что результаты, полученные согласно теории Кирхгофа — Лява, оказываются для ряда значений параметров завышенными и нуждаются в уточнении. Это наблюдается и в случае пластины, связанной с упругим основанием [54]. Влияние, оказываемое поперечным сдвигом на устойчивость ортотропной цилиндрической оболочки с упругим заполнителем при осевом сжатии, исследовалось В.Л.Нарусбергом и Р.Б. Рикардсом [47].

Вследствие того, что рассмотренная модель винклеровского основания не учитывает касательное взаимодействие между оболочкой и заполнителем, ряд авторов [11, 90, 91] вводят второй коэффициент постели β в задаче устойчивости цилиндрической оболочки, сжатой вдоль образующей q. Они показали, что выражение критического давления с учетом касательных сил будет иметь следующий вид:

$$q = \frac{Eh}{R}\sqrt{\frac{1+\omega_2}{3(1-\nu^2)} + \frac{\beta R}{Eh^2}}$$

где первое слагаемое соответствует критической нагрузке при наличии винклеровского основания, второе учитывает касательное взаимодействие.

Целью работы является изучение локальной устойчивости пологих ортотропных оболочек произвольной формы моделей Тимошенко и Кирхгофа—Лява на упругом основании с учетом и без учета предварительных напряжений в основании.

Методы исследования. В диссертации используется метод малых вариаций исследуемого напряженно — деформированного состояния в линейной постановке, а также метод локального подхода, впервые предложенный Ю.Н. Работновым и впоследствии развитый В.П. Ширшовым и П.Е. Товстиком.

Научная новизна. Новыми являются формулы, определяющие критическую нагрузку при рассмотрении локальной устойчивости оболочек произвольной формы, зависящие от параметров ортотропии и коэффициентов сдвига, а также от предварительных напряжений в основании. Также новым является выражение критической нагрузки для оболочек, армированных двумя и тремя системами малорастяжимых нитей. Полученные результаты позволили свести задачу поиска критической нагрузки и формы волнообразования при локальной потере устойчивости оболочек к стандартной задаче минимизации параметра нагружения как функции нескольких переменных.

Достоверность обеспечивается применением корректных моделей теории оболочек (модели Кирхгофа — Лява и Тимошенко), проверенных методов теоретической механики, дифференциальных уравнений и вычислительной математики, а также подтверждается сопоставлением с ранее полученными результатами.

Практическая ценность. Полученные решения могут быть применены в промышленных расчетах конструкций с упругим заполнителем в самолетостроении, судостроении, строительстве и других областях.

Апробация результатов работы. Работа была выполнена на кафедре теоретической и прикладной механики Санкт-Петербургского государственного университета. Результаты данной диссертации докладывались на конференции СПбГУ "Четвертые Поляховские чтения" (Санкт-Петербург, 2006), XIV международной конференции студентов, аспирантов и молодых ученых "Ломоносов" МГУ (Москва, 2007), международном конгрессе "Нелинейный динамический анализ" (Санкт-Петербург, 2007), на совместном семинаре СПбГУ и ПГУПС "Компьютерные методы в механике сплошной среды".

Публикации. По теме диссертации имеется семь опубликованных работ [40 — 46]. Работы [41, 42] опубликованы в рецензируемом научном журнале, входящем в перечень ВАК.

Структура работы. Диссертация состоит из введения, пяти глав и заключения. Главы 1 и 2 носят вспомогательный характер.

В **главе 1** дается общий обзор применений конструкций с заполнителями в различных областях, приводится их классификация, а также выражения для расчета упругих характеристик различных видов заполнителей.

В **главе 2** рассматриваются основные определяющие соотношения для оболочек моделей Тимошенко и Кирхгофа — Лява, а также общие уравнения равновесия пологих оболочек обеих моделей на упругом основании, из которых выводятся уравнения устойчивости.

В **главе 3** выводится выражение для параметра критической нагрузки при потере устойчивости пологих ортотропных оболочек на упругом основании моделей Кирхгофа — Лява и Тимошенко под действием безмоментных начальных усилий. Рассматриваются частные случаи получившихся результатов: трансверсально изотропная оболочка на упругом основании модели Тимошенко и ортотропная оболочка модели Кирхгофа—Лява. На примере ортотропной оболочки сферической формы, подвергнутой однородному сжатию, исследуется зависимость критической нагрузки от коэффициентов сдвига.

В **главе 4** рассматривается модель ортотропной оболочки на упругом основании, учитывающая предварительные напряжения в основании. В качестве объекта исследования рассматривается сфера с изотропным заполнителем. Полученные численные результаты сравниваются с моделями, рассмотренными в главе 3.

Глава 5 посвящена частному случаю ортотропных оболочек — оболочкам на упругом основании, армированным системами малорастяжимых нитей. Рассматривается зависимость упругих характеристик материала ортотропной оболочки от взаимного расположения нитей и на основе результатов, полученных в главе 3, проводится исследование ее устойчивости.

На защиту выносятся следующие положения:

1. Получены выражения параметра критической нагрузки при локальной потере устойчивости ортотропных оболочек моделей Тимошенко и Кирхгофа — Лява, находящихся на упругом основании.

2. Проведен сравнительный анализ этих моделей для трансверсально изотропных оболочек сферической формы, подвергнутых однородному сжатию и кручению, и оболочек цилиндрической формы, подвергнутых осевому сжатию и кручению.

3. Исследована зависимость параметра критической нагрузки и формы потери устойчивости ортотропной сферической оболочки модели Кирхгофа — Лява, подвергнутой однородному сжатию, от ее упругих параметров и жесткости основания. На примере однородного сжатия ортотропной сферической оболочки модели Тимошенко проанализирована зависимость критической нагрузки и формы потери устойчивости от коэффициентов сдвига и жесткости основания.

4. Получено неявное выражение параметра нагружения при локальной потере устойчивости ортотропных оболочек на упругом основании с учетом предварительных напряжений в основании, а также явное выражение параметра нагружения для сферической оболочки с заполнителем. Проанализировано влияние предварительных напряжений заполнителя на величину критической нагрузки для трансверсально изотропной сферической оболочки, подвергнутой однородному сжатию.

5. Получены выражения критической нагрузки при локальной потере устойчивости оболочек, армированных двумя и тремя системами малорастяжимых нитей. Исследована зависимость критической нагрузки от жесткости основания и взаимного расположения нитей для сферической оболочки на упругом основании, подвергнутой однородному сжатию.

Глава 1

Конструкции с заполнителем

1.1 Конструкции с упругим заполнителем и их применение в промышленности

Весьма подробное изложение расчета конструкций с заполнителем дано в [50]. При этом, как правило, реальный заполнитель заменяется некоторым условным, однородным по объему ортотропным или изотропным заполнителем, характеристики которого определяются из принципа эквивалентности работы реального и заменяющего его условного заполнителей.

1.1.1 Применение конструкций с заполнителем в летательных аппаратах

Конструкции с заполнителем применяются в качестве силовых элементов в крыле, фюзеляже, оперении (обшивка, лонжероны, шпангоуты, нервюры, стенки), особенно в агрегатах, воспринимающих местную нагрузку (закрылки, элероны, щитки, рули, обтекатели) и поперечную распределенную нагрузку (полы грузовой и пассажирской кабины, каналы воздухозаборника), а также в качестве несиловых элементов (детали интерьера, элементы крепления оборудования). О применении конструкций с заполнителем в самолетостроении см. [3, 38, 69, 70].

1.1.2 Применение конструкций с заполнителем в судостроении

Конструкции с заполнителем в судостроении применяют на судах различных классов и типов.

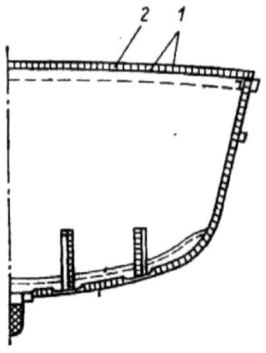

Рис. 1.1. Типовое сечение тральщика ([57]).

На рисунке 1.1 показано типовое сечение тральщика, построенного из конструкций с заполнителем. Корпус минного тральщика изготовлен из трехслойных конструкций, пропитанных полиэфирными смолами (несущие слои из стеклоткани имеют толщину $h_1 = 3.2$ мм, $h_2 = 4.9$ мм). Сотовый заполнитель из хлопчатобумажной ткани толщиной $h_3 = 44.4$ мм, размер ячейки $a_0 = 4.9$ мм, плотность $\rho_0 = 75$ кг/м ^{3} [57]. Панели со сплошным заполнителем из пенопласта используются для изготовления переборок, заполнитель из алюминиевой фольги с несущими слоями из стеклопластика использовался для изготовления полов пассажирского салона [57]. Подробный обзор применения многослойных оболочковых конструкций с заполнителем для изготовления надстроек, рубок и надпалубных элементов малых судов приведен в [67].

1.1.3 Применение конструкций с заполнителем в строительстве

Конструкции с заполнителем применяются в строительстве зданий как в качестве ограждающих, так и в качестве несущих конструкций (стены, перегородки, перекрытия, полы и др.). Несущие слои выполняются из различных металлических материалов, стеклопластиков, асбестоцемента, фанеры, и т.д. Заполнитель изготовляют из крафт — бумаги, картона, тканей, пропитанных смолами. Применение конструкций с древесно — бумажным сотовым заполнителем особенно эффективно в малоэтажном строительстве. Согласно [72], по сравнению с типовыми здания из конструкций с заполнителем в 1.4 — 1.5 раза дешевле, в 2 — 3 раза меньше трудоемкость их строительства, в 3 — 4 раза сокращается расход древесины и в 2 — 3 раза уменьшается масса основных сборных элементов здания.

1.2 Классификация конструкций с заполнителем

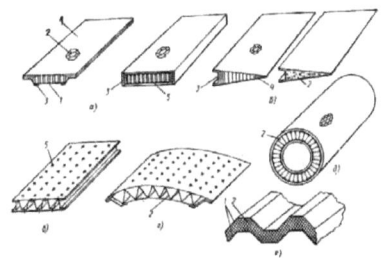

Рис. 1.2. а — плоские панели с сотовым заполнителем, б — клиновидные панели с сотовым и сплошным заполнителями, в — плоская панель с гофровым заполнителем, г — криволинейная панель с гофровым заполнителем, д — оболочка с сотовым заполнителем, е — ребристая плита, 1 — несущие слои, 2 — заполнитель, 3 — элементы каркаса, 4 — законцовка, 5 — соединение (клей, припой, сварка). ([50])

По типу конструкции: панели, балки, стенки, оболочки; **по форме в плане:** прямоугольные, трапециевидные, круглые; **по толщине:** постоянные, переменные; **по структуре поперечного сечения:** симметричные, несимметричные. **По типу заполнителя:** со сплошным заполнителем, с заполнителем сотовой структуры, с заполнителем гофровой формы и т.д. **По материалу несущих слоев заполнителя:** металлические, неметаллические, в том числе композиционные, комбинированные. **По технологии соединения несущих слоев с заполнителем:** клееные, паяные, сварные.

1.3 Параметры упругости заполнителей

1.3.1 Определение упругих параметров сотовых заполнителей

Сотовый заполнитель рассматривается как некоторый условный, однородный по объему ортотропный заполнитель, имеющий заметную упругую анизотропию. Нормальная жесткость и жесткость на сдвиг заполнителя в плоскости oxy (рис. 1.3) малы по сравнению с жесткостью в направлении oz и жесткостью на сдвиг во всех плоскостях, содержащих ось oz, так как эти жесткости определяются изгибом полосок (граней) фольги сотового заполнителя. Модули заполнителя в этих направлениях можно считать равными нулю [50]:

$$E_x = E_y = G_{xy} = 0$$

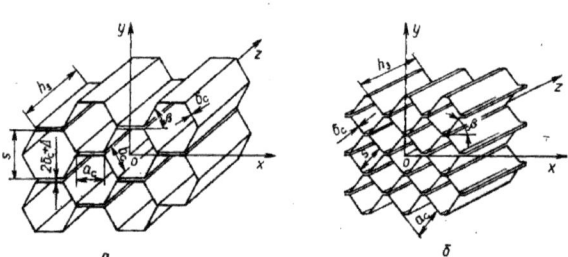

Рис. 1.3. Геометрические параметры сотового заполнителя:
а — с шестигранной ячейкой, б — с квадратной ячейкой ([50]) .

Нормальная жесткость сотового заполнителя в направлении оси oz и жесткости на сдвиг во всех плоскостях, содержащих ось oz, не являются малыми величинами и используются в расчетах конструкций с сотовым заполнителем.

Модуль упругости E_z сотового заполнителя. Модуль упругости сотового заполнителя в направлении, перпендикулярном несущим слоям, зависит от упругих свойств материала, из которого изготовлен заполнитель, геометрических параметров и формы ячейки заполнителя [51]:

$$E_z = k_\beta \frac{\delta_c}{a_c} E_m$$

где k_β — коэффициент, учитывающий формообразование ячейки, δ_c — толщина стенки одинарной грани ячейки, a_c — ширина стенки (грани) сотов, E_m — модуль Юнга материала ячеек. На рис. 1.4 приведены графики для определения модуля упругости сотового заполнителя.

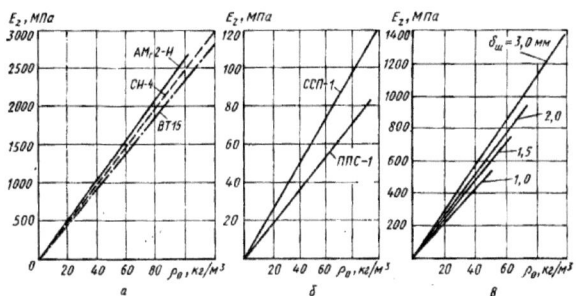

Рис. 1.4. Зависимость модуля упругости от плотности при сжатии сотового заполнителя: а — заполнитель из металлической фольги, б — заполнитель из неметаллических материалов, в — древесно — бумажный заполнитель ([51]).

Модули сдвига G_{xz} и G_{yz} сотового заполнителя. Определение жесткости на сдвиг сотового заполнителя теоретически и экспериментально является сложной задачей. В работе [18] модуль сдвига сотового заполнителя определяется энергетическим методом, в работе [32] — методом перемещений и сил. Модули сдвига определяются: в плоскости хоz (см. рис. 1.3)

$$G_{xz} = \frac{a_c + b_c \cos \beta}{(a_c + b_c) \sin \beta} \frac{\delta_c}{a_c} G_m$$

в плоскости уоz

$$G_{yz} = \frac{b_c \sin \beta}{a_c + b_c \cos \beta} \frac{\delta_c}{a_c} G_m$$

где G_m — модуль сдвига материала заполнителя [51].

1.3.2 Определение упругих параметров заполнителей сплошной структуры

Модули упругости и сдвига сплошного изотропного или анизотропного заполнителя зависят от свойств материала, из которого они изготовлены. В качестве сплошных заполнителей применяют различные пенопласты. Модуль упругости и модуль сдвига у этих материалов небольшой, а поэтому участие заполнителя в восприятии нагрузки незначительно. На рис. 1.5 приведены зависимости модуля упругости при сжатии и растяжении от плотности материала для некоторых пенопластов [2]. Зависимость модуля сдвига от плотности материала для сплошного заполнителя приведена на рис.1.6.

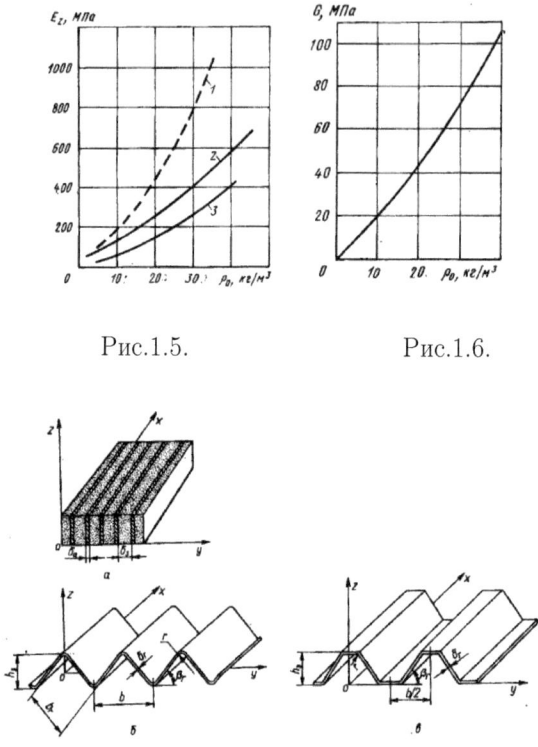

Рис.1.5.   Рис.1.6.

Рис. 1.7. Геометрические параметры заполнителей: а — армированного, б,в — гофровых ([51]).

Для сплошных заполнителей, армированных ребрами (рис. 1.7 а) модули упругости и сдвига определяются по формулам [50]:

$$E = E_x = E_z = \frac{E_a \delta_a + E_3 \delta_3}{\delta_a + \delta_3}$$

$$G_{xz} = \frac{G_a \delta_a + G_3 \delta_3}{\delta_a + \delta_3}$$

где E_a, E_3 — модуль упругости, G_a, G_3 — модуль сдвига, δ_a, δ_3 — толщина армировки и слоя соответственно.

1.3.3 Определение упругих параметров заполнителей гофровой структуры

Для заполнителей гофровой структуры (рис. 1.7 б,в) модуль упругости в направлении, перпендикулярном к ребрам(граням) гофра, мал, и при расчетах можно полагать $E_y = 0$. Модуль упругости в направлении вдоль граней гофра [50]

$$E_x = \frac{b_r}{b} \frac{\delta_r}{h_3} E_m$$

Модуль упругости

$$E_z = \left(\frac{b}{h_3} + k_\beta^0 \right) \frac{\delta_r}{b} E_m$$

Значение модуля сдвига G_{xz} весьма велико по сравнению с G_{xy}, G_{yz}. Модуль сдвига в плоскости yoz

$$G_{yz} = k_\beta^0 \left(\frac{\delta_r}{h_3} \right)^3 \frac{E_m}{1 - \mu^2}$$

Коэффициент k_β^0 определяют по графику на рис. 1.8 [98]

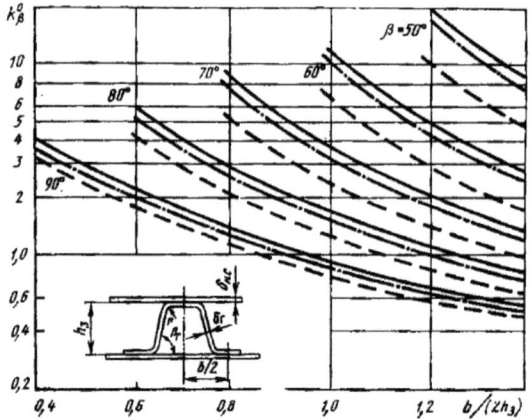

Рис. 1.8. Значения коэффициента формы для гофровых заполнителей. Сплош-
ная кривая — случай $\frac{\delta_r}{\delta_{H.C}} = 0.3$, прерывистая кривая с точкой — $\frac{\delta_r}{\delta_{H.C}} = 0.5$,
пунктирная кривая — $\frac{\delta_r}{\delta_{H.C}} = 1.0$ ([98])

На величину модуля сдвига G_{yz} трапециевидного гофра, когда полки гофра
жестко закреплены, оказывает влияние продольное сжатие в направлении
оси оу.

Глава 2

Определяющие соотношения для оболочек моделей Тимошенко и Кирхгофа — Лява

2.1 Соотношения упругости

2.1.1 Связь между напряжениями и деформациями

Для ортотропного трехмерного упругого тела в декартовой системе координат x_1, x_2, x_3 связь между деформациями ε_{ij} и напряжениями σ_{ij} имеет следующий вид [5]:

$$
\begin{aligned}
E_1\varepsilon_{11} = \sigma_{11} - \nu_{12}\sigma_{22} - \nu_{13}\sigma_{33}, \quad & G_{12}\varepsilon_{12} = \sigma_{12}, \\
E_2\varepsilon_{22} = \sigma_{22} - \nu_{21}\sigma_{11} - \nu_{23}\sigma_{33}, \quad & G_{23}\varepsilon_{23} = \sigma_{23}, \\
E_3\varepsilon_{33} = \sigma_{33} - \nu_{31}\sigma_{11} - \nu_{32}\sigma_{22}, \quad & G_{13}\varepsilon_{13} = \sigma_{13},
\end{aligned}
\tag{2.1}
$$

причем

$$
E_1\nu_{21} = E_2\nu_{12}, \quad E_2\nu_{32} = E_3\nu_{23}, \quad E_3\nu_{13} = E_1\nu_{31}
\tag{2.2}
$$

Следовательно, для описания напряженно — деформированного состояния (НДС) ортотропного однородного линейно упругого тела требуется задать 9 констант. Выражения напряжений σ_{ii} через деформации ε_{ii} имеют вид [5]:

$$
\sigma_{ii} = E_i\left(a_{i1}\varepsilon_{11} + a_{i2}\varepsilon_{22} + a_{i3}\varepsilon_{33}\right), \quad i = 1, 2, 3
\tag{2.3}
$$

где

$$a_{ii} = \frac{1 - \nu_{jk}\nu_{kj}}{\Delta}, \quad a_{ij} = \frac{\nu_{ji} + \nu_{jk}\nu_{ki}}{\Delta}, \quad i \neq j \neq k,$$

$$\Delta = 1 - \nu_{12}\nu_{21} - \nu_{13}\nu_{31} - \nu_{23}\nu_{32} - \nu_{12}\nu_{23}\nu_{31} - \nu_{13}\nu_{32}\nu_{21}. \tag{2.4}$$

При переходе к рассмотрению тонких оболочек с нормалью x_3 принимаем $\sigma_{33} = 0$. Тогда соотношения (2.1), (2.3) принимают вид:

$$\sigma_{11} = \frac{E_1(\varepsilon_{11} + \nu_{21}\varepsilon_{22})}{1 - \nu_{12}\nu_{21}}, \quad \sigma_{22} = \frac{E_2(\varepsilon_{22} + \nu_{12}\varepsilon_{11})}{1 - \nu_{12}\nu_{21}},$$

$$\sigma_{ij} = G_{ij}\varepsilon_{ij}, \quad i \neq j \neq k, \quad i,j = 1,2,3 \tag{2.5}$$

и содержат 6 независимых констант. Для трансверсально изотропного материала с плоскостью изотропии $x_1 x_2$ остается три независимых упругих постоянных E, ν, G', причем

$$E_1 = E_2 = E, \quad \nu_{12} = \nu_{21} = \nu, \quad G_{12} = \frac{E}{2(1 + \nu)}, \quad G_{13} = G_{23} = G'$$

2.1.2 Модель Кирхгофа — Лява

Модель теории пластин и оболочек, предложенная Г. Кирхгофом [86] и А.Лявом [87], сводится к следующим двум допущениям:

1. Прямолинейные волокна, перпендикулярные к срединной поверхности оболочки до деформации, остаются после деформации перпендикулярными к срединной поверхности.

2. Предполагается, что нормальными напряжениями на площадках, параллельных срединной поверхности, можно пренебречь, т.е. $\sigma_{33} = 0$

Введем на срединной поверхности рассматриваемой оболочки криволинейную систему координат α, β, совпадающую с линиями главных кривизн. Пусть А, В — коэффициенты первой квадратичной формы срединной поверхности оболочки, R_1, R_2 — главные радиусы кривизны. Выражения деформаций срединной поверхности через компоненты вектора перемещения $u_1, u_2,$

w имеют следующий вид:

$$\varepsilon_1 = \frac{1}{A}\frac{\partial u_1}{\partial \alpha} + \frac{1}{AB}\frac{\partial A}{\partial \beta}u_2 - \frac{w}{R_1}, \quad \omega_1 = \frac{1}{A}\frac{\partial u_2}{\partial \alpha} - \frac{1}{AB}\frac{\partial A}{\partial \beta}u_1,$$

$$\gamma_1 = -\frac{1}{A}\frac{\partial w}{\partial \alpha} - \frac{u_1}{R_1}, \quad \kappa_1 = -\frac{1}{A}\frac{\partial \gamma_1}{\partial \alpha} - \frac{1}{AB}\frac{\partial A}{\partial \beta}\gamma_2, \quad \{1,2\}, \tag{2.6}$$

$$\tau = -\frac{1}{B}\frac{\partial \gamma_1}{\partial \beta} + \frac{1}{AB}\frac{\partial B}{\partial \alpha}\gamma_2 + \frac{\omega_1}{R_2},$$

$$\omega = \omega_1 + \omega_2 = \frac{B}{A}\frac{\partial}{\partial \alpha}\left(\frac{u_2}{B}\right) + \frac{A}{B}\frac{\partial}{\partial \beta}\left(\frac{u_1}{A}\right).$$

Здесь γ_1, γ_2 — углы поворота нормали к срединной поверхности, κ_1, κ_2, τ — изменения ее кривизны и кручения. Символ $\{1,2\}$ означает, что имеют место соотношения, получающиеся из написанных циклической перестановкой α, β; A, B; 1, 2. Для классических двухмерных оболочек Кирхгофа — Лява, изготовленных из однородного ортотропного материала, тангенциальные усилия T_1, T_2, S, изгибающие и крутящий моменты M_1, M_2, H выражаются через деформации (2.6)

$$T_1 = \frac{E_1 h(\varepsilon_1 + \nu_{21}\varepsilon_2)}{1 - \nu_{12}\nu_{21}}, \quad M_1 = \frac{E_1 h^3(\kappa_1 + \nu_{21}\kappa_2)}{12(1 - \nu_{12}\nu_{21})}, \quad \{1,2\}, \tag{2.7}$$

$$S = G_{12}h\omega, \quad H = \frac{G_{12}h^3\tau}{6}.$$

Перерезывающие усилия Q_1, Q_2 находятся из уравнений равновесия.

2.1.3 Модель Тимошенко

Согласно гипотезам Кирхгофа — Лява, точки, лежащие на нормали к срединной поверхности после деформации, остаются лежать на ней после деформации. С.П.Тимошенко [61] была предложена более общая модель, согласно которой:

1. Прямолинейные волокна, перпендикулярные к срединной поверхности оболочки до деформации, после деформации остаются прямолинейными, но в общем случае не перпендикулярными к срединной поверхности.

2. $\sigma_{33} = 0$

Формулы для тангенциальных усилий — те же, что и в предыдущей модели. Выражения для моментов имеют тот же вид (2.7), но величины κ_1, κ_2, τ вычисляются следующим образом:

$$\kappa_1 = -\frac{1}{A}\frac{\partial \varphi_1}{\partial \alpha} - \frac{1}{AB}\frac{\partial A}{\partial \beta}\varphi_2 \quad \{1,2\},$$

$$\tau = -\frac{1}{2}\left(\frac{B}{A}\frac{\partial}{\partial \alpha}\left(\frac{\varphi_2}{B}\right) + \frac{A}{B}\frac{\partial}{\partial \beta}\left(\frac{\varphi_1}{A}\right)\right) \tag{2.8}$$

Здесь φ_1, φ_2 — углы поворота нормального до деформации волокна. Перерезывающие усилия Q_1, Q_2 определяются по формулам

$$Q_1 = kG_{13}\delta_1, \quad \delta_1 = \varphi_1 - \gamma_1, \quad \{1,2\}, \quad k = \frac{5}{6}, \tag{2.9}$$

где δ_1, δ_2 — углы сдвига, k — коэффициент, учитывающий неравномерность распределения напряжений по толщине оболочки.

2.2 Система уравнений равновесия

Уравнения равновесия, как в модели Кирхгофа — Лява, так и в модели Тимошенко имеют один и тот же вид

$$\frac{1}{AB}\left(\frac{\partial(BT_1)}{\partial \alpha} - \frac{\partial B}{\partial \alpha}T_2 + \frac{\partial(AS)}{\partial \beta} + \frac{\partial A}{\partial \beta}S\right) - \frac{Q_1}{R_1} + q_1 = 0, \quad \{1,2\}$$

$$\frac{1}{AB}\left(\frac{\partial(BQ_1)}{\partial \alpha} + \frac{\partial(AQ_2)}{\partial \beta}\right) + \left(\frac{T_1}{R_1} + \frac{T_2}{R_2}\right) + q_n + P = 0, \tag{2.10}$$

$$\frac{1}{AB}\left(\frac{\partial(BM_1)}{\partial \alpha} - \frac{\partial B}{\partial \alpha}M_2 + \frac{\partial(AH)}{\partial \beta} + \frac{\partial A}{\partial \beta}H\right) + Q_1 = 0, \quad \{1,2\}$$

где (q_1, q_2, q_n) — проекции вектора внешней нагрузки, P — реакция основания. Различие заключается лишь в формулах, по которым вычисляются моменты M_1, M_2 и H и перерезывающие силы Q_1 и Q_2. В модели Кирхгофа — Лява перерезывающие силы определяются из уравнений (2.10), а в модели Тимошенко — из соотношений (2.9). Система уравнений модели Кирхгофа — Лява имеет восьмой порядок, а модели Тимошенко — десятый.

Глава 3

Локальная устойчивость ортотропных оболочек на упругом основании

3.1 Локальный подход в теории оболочек

При локальном подходе рассматривается система уравнений с постоянными коэффициентами и прогиб w ищется в виде функции

$$w(p, q) = w_0 e^{(px+qy)i} \qquad (3.1)$$

Критическая нагрузка получается при минимизации собственного значения задачи по волновым числам p, q, определяющим форму прогиба. При этом граничные условия не принимаются во внимание. В работе [58] при таких допущениях решена задача в случае отсутствия начальных усилий сдвига, а в работе [71] рассмотрен общий случай локальной потери устойчивости пологих оболочек. Локальный подход дает полезную информацию при решении многих задач теории устойчивости оболочек. Приближенным методом "замораживания" коэффициентов произвольную задачу устойчивости безмоментного напряженного состояния выпуклой оболочки можно свести к системе с постоянными коэффициентами, а затем использовать результаты по локальной потере устойчивости. К таким задачам относится, например, задача о потере устойчивости эллипсоида вращения под действием внешнего или внутреннего нормального давления. Показано [64], что критическая нагрузка λ_0, определенная при локальном подходе, служит хорошим нулевым приближением для точного значения критической нагрузки λ, которое в ряде задач может быть представлено в виде асимптотического ряда

$$\lambda = \lambda_0 + \mu\lambda_1 + \ldots, \qquad \mu \sim \sqrt{h_*}, \quad h_* = h/R \qquad (3.2)$$

по параметру тонкостенности μ.

Локальный подход может быть использован при анализе устойчивости выпуклых оболочек, а также цилиндрических и конических оболочек при осевом сжатии. Для оболочек отрицательной гауссовой кривизны, а также для цилиндрических и конических оболочек под действием внешнего нормального давления и/или кручения при отсутствии основания локальный подход неприменим. В этих задачах при локальном подходе получаем $\lambda_0 = 0$, а форма потери устойчивости простирается от одного края оболочки до другого, что влечет за собой необходимость удовлетворения граничным условиям. Также неприменим локальный подход и при анализе устойчивости пластин, у которых форма потери устойчивости существенно зависит от размеров и формы контура пластины.

3.2   Уравнение устойчивости для модели Тимошенко

Сделаем замену $x = \alpha A$, $y = \beta B$ для координат α, β на срединной поверхности оболочки. Тогда с учетом локального подхода геометрические соотношения (2.6), (2.8) и соотношения упругости (2.7) перепишутся следующим образом:

$$T_1 = \frac{E_1 h(\varepsilon_1 + \nu_{21}\varepsilon_2)}{(1 - \nu_{12}\nu_{21})}, \quad M_1 = \frac{E_1 h^3(\varkappa_1' + \nu_{21}\varkappa_2')}{12(1 - \nu_{12}\nu_{21})}, \quad Q_1 = G_{13}' h(\varphi_1 - \gamma_1),$$

$$G_{13}' = \frac{5}{6}G_{13}, \quad \{1, 2\}, \quad S = G_{12}h\omega, \quad H = \frac{G_{12}h^3\tau'}{6}$$

$$\epsilon_1 = \frac{\partial u_1}{\partial x} - k_1 w, \quad \gamma_1 = -\frac{\partial w}{\partial x} - k_1 u_1, \quad \varkappa_1 = -\frac{\partial \gamma_1}{\partial x}, \quad \varkappa_1' = -\frac{\partial \varphi_1}{\partial x} \quad \{1, 2\}$$

$$\omega = \frac{\partial u_1}{\partial y} + \frac{\partial u_2}{\partial x}, \quad \tau = -\frac{\partial \gamma_1}{\partial y}, \quad \tau' = -\frac{1}{2}\left(\frac{\partial \varphi_1}{\partial y} + \frac{\partial \varphi_2}{\partial x}\right)$$

$$(3.3)$$

Тогда система уравнений равновесия модели Тимошенко для пологой ортотропной оболочки на упругом основании в проекциях на орты после деформации примет следующий вид:

$$\frac{\partial T_1}{\partial x} + \frac{\partial S}{\partial y} + q_1 = 0, \quad \{1, 2\}$$

$$\frac{\partial Q_1}{\partial x} + \frac{\partial Q_2}{\partial y} + (k_1 + \varkappa_1)T_1 + 2\tau S + (k_2 + \varkappa_2)T_2 + q_n + P = 0, \qquad (3.4)$$

$$\frac{\partial M_1}{\partial x} + \frac{\partial H}{\partial y} + Q_1 = 0 \quad \{1, 2\}$$

Полагая нагрузку следящей, заменим каждую из входящих в систему (3.4) неизвестных функций φ_1, φ_2, u_1, u_2, w, суммами двух слагаемых $\varphi_1^0 + \varphi_1$, $\varphi_2^0 + \varphi_2$, $u_1^0 + u_1$, $u_2^0 + u_2$, $w^0 + w$, где первые слагаемые — функции, соответствующие исследуемому напряженному состоянию, а вторые — их малые вариации. Производя линеаризацию, получаем следующую систему уравнений устойчивости:

$$\frac{\partial T_1}{\partial x} + \frac{\partial S}{\partial y} = 0, \quad \{1, 2\}$$

$$\frac{\partial Q_1}{\partial x} + \frac{\partial Q_2}{\partial y} + k_1 T_1 + k_2 T_2 + T_1^0 \varkappa_1 + 2S^0 \tau + T_2^0 \varkappa_2 + P = 0, \qquad (3.5)$$

$$\frac{\partial M_1}{\partial x} + \frac{\partial H}{\partial y} + Q_1 = 0 \quad \{1, 2\}$$

где

$$\{T_1^0, T_2^0, S^0\} = -\lambda\{t_1, t_2, t_3\} \qquad (3.6)$$

T_1^0, T_2^0, S^0 — безмоментные начальные усилия, λ — параметр нагружения. Величины t_1, t_2, t_3 являются безразмерными и имеют порядок единицы. Введем функцию усилий Φ и вспомогательные функции Ψ, Θ таким образом, чтобы выполнялись следующие условия:

$$T_1 = \frac{\partial^2 \Phi}{\partial y^2}, \quad T_2 = \frac{\partial^2 \Phi}{\partial x^2}, \quad S = -\frac{\partial^2 \Phi}{\partial x \partial y}, \quad \varphi_1 = -\frac{\partial \Psi}{\partial x}, \quad \varphi_2 = -\frac{\partial \Theta}{\partial y} \qquad (3.7)$$

Тогда из системы (3.5) получим:

$$\frac{1}{E_1 h}\frac{\partial^4 \Phi}{\partial y^4} + \frac{1}{E_2 h}\frac{\partial^4 \Phi}{\partial x^4} + \left(\frac{1}{G_{12}h} - \frac{\nu_{12}}{E_2 h} - \frac{\nu_{21}}{E_1 h}\right)\frac{\partial^4 \Phi}{\partial x^2 \partial y^2} + \Delta_k w = 0$$

$$G'_{13}h\left(\frac{\partial^2 w}{\partial x^2} - \frac{\partial^2 \Psi}{\partial x^2}\right) + G'_{23}h\left(\frac{\partial^2 w}{\partial y^2} - \frac{\partial^2 \Theta}{\partial y^2}\right) + \Delta_k \Phi + \Delta_T w + P = 0$$

$$E_1\frac{\partial^2 \Psi}{\partial x^2} + G_{12}n_\nu\frac{\partial^2 \Psi}{\partial y^2} + (E_\nu + G_{12}n_\nu)\frac{\partial^2 \Theta}{\partial y^2} + \alpha_1(w - \Psi) = 0$$

$$E_2\frac{\partial^2 \Theta}{\partial y^2} + G_{12}n_\nu\frac{\partial^2 \Theta}{\partial x^2} + (E_\nu + G_{12}n_\nu)\frac{\partial^2 \Psi}{\partial x^2} + \alpha_2(w - \Theta) = 0$$

$$(3.8)$$

Здесь $E_\nu = E_1\nu_{21} = E_2\nu_{12}, \quad n_\nu = 1 - \nu_{12}\nu_{21}, \quad \alpha_1 = \dfrac{12G_{13}n_\nu}{h^2}\ \{1,2\},$

$\Delta_k = k_2\dfrac{\partial^2}{\partial x^2} + k_1\dfrac{\partial^2}{\partial y^2},\ \Delta_T = T_1^0\dfrac{\partial^2}{\partial x^2} + 2S^0\dfrac{\partial^2}{\partial x \partial y} + T_2^0\dfrac{\partial^2}{\partial y^2}.$

3.3 Выражение параметра нагружения

Будем искать решения (3.8) в виде:

$$w = w_0 e^{iz}, \quad \Phi = \Phi_0 e^{iz}, \quad \Psi = \Psi_0 e^{iz}, \quad \Theta = \Theta_0 e^{iz}, \quad z = \frac{px + qy}{R} \qquad (3.9)$$

где R — характерный линейный размер срединной поверхности (например, радиус кривизны). В качестве модели для реакции основания мы примем модель с коэффициентом постели, зависящим от волнообразования. характеризуемого волновыми числами p, q. Согласно [30], для реакции основания имеем:

$$P = -\frac{E_0 a_0 r w}{R} \qquad (3.10)$$

где $r = \sqrt{p^2 + q^2}$, E_0, ν_0 — модуль Юнга и коэффициент Пуассона основания соответственно,

$$a_0 = \frac{2(1 - \nu_0)}{(1 + \nu_0)(3 - 4\nu_0)} \qquad (3.11)$$

Выражая параметр нагружения $\Lambda = \dfrac{\lambda}{h}$ из (3.8), получим:

$$\Lambda = \frac{1}{t_1 p^2 + 2t_3 pq + t_2 q^2}\left(\frac{(\rho_2 p^2 + \rho_1 q^2)^2}{\dfrac{q^4}{E_1} + \dfrac{p^4}{E_2} + (\dfrac{1}{G_{12}} - \dfrac{\nu_{12}}{E_2} - \dfrac{\nu_{21}}{E_1})p^2 q^2} + \right.$$
$$\left. + \frac{G'_{13}p^2 P_1 + G'_{23}q^2 P_2}{Q} + \frac{E_0 a_0}{h_*}\sqrt{p^2 + q^2}\right) \qquad (3.12)$$

где $h_* = \dfrac{h}{R}$, $\rho_i = Rk_i$, $A_i = \dfrac{12G'_{13}n_\nu}{h_*^2}$ $(i = 1, 2)$

$$P_1(p,q) = E_2 G_{12} n_\nu q^4 + E_1 G_{12} n_\nu p^4 + (E_1 E_2 - 2E_\nu G_{12} n_\nu - E_\nu^2)p^2 q^2 + E_1 A_2 p^2 +$$

$$+(2G_{12} A_2 n_\nu + A_2 E_\nu)q^2$$

$$P_2(p,q) = E_1 G_{12} n_\nu p^4 + E_2 G_{12} n_\nu q^4 + (E_1 E_2 - 2E_\nu G_{12} n_\nu - E_\nu^2)p^2 q^2 + E_2 A_1 q^2 +$$

$$+(2G_{12} A_1 n_\nu + A_1 E_\nu)p^2$$

$$Q(p,q) = E_1 G_{12} n_\nu p^4 + E_2 G_{12} n_\nu q^4 + (E_1 E_2 - 2E_\nu G_{12} n_\nu - E_\nu^2)p^2 q^2 + (E_1 A_2 +$$

$$+G_{12} A_1 n_\nu)p^2 + E_2 A_1 + G_{12} A_2 n_\nu)q^2 + A_1 A_2$$

$$(3.13)$$

Введем в рассмотрение параметры c_1, c_2, равные отношениям упругих характеристик оболочки: $c_1 = \dfrac{E_2}{E_1}$, $c_2 = \dfrac{G_{12}}{E_1}$. Волновые числа p, q заменим на s, φ согласно подстановкам $p = \dfrac{s \cos \varphi}{h_*^{1/2}}$, $q = \dfrac{s \sin \varphi}{h_*^{1/2}}$. Кроме того, определим новые коэффициенты сдвига $a_i = \dfrac{E_1}{A_i h_*}$ $(i = 1, 2)$. Параметр $\omega = \dfrac{E_0 a_0}{E_1 h_*^{3/2}}$ характеризует относительную жесткость основания. Тогда новый параметр нагружения $\Lambda' = \dfrac{\Lambda}{E_1 h_*}$ выразится следующим образом:

$$\Lambda'(s, \varphi, \omega) = \frac{1}{f_T(\varphi)} \left(\frac{f_R(\varphi)}{s^2 f(\varphi)} + \frac{s^2}{12 n_\nu} \frac{g_1(s, \varphi) \cos^2 \varphi + g_2(s, \varphi) \sin^2 \varphi}{g_3(s, \varphi)} + \frac{\omega}{s} \right)$$

$$(3.14)$$

где

$$f_R(\varphi) = (\rho_2 \cos^2 \varphi + \rho_1 \sin^2 \varphi)^2, \quad f_T(\varphi) = t_1 \cos^2 \varphi + 2t_3 \cos \varphi \sin \varphi + t_2 \sin^2 \varphi,$$

$$f(\varphi) = \sin^4 \varphi + \frac{\cos^4 \varphi}{c_1} + \left(\frac{1}{c_2} - \frac{\nu_{12}}{c_1} - c_1 \nu_{12} \right) \sin^2 \varphi \cos^2 \varphi$$

$$(3.15)$$

$$g_1(s, \varphi) = c_1 c_2 a_2 n_\nu s^2 \sin^4 \varphi + c_2 a_2 n_\nu s^2 \cos^4 \varphi + c_1 a_2 (1 - 2c_2 \nu_{12}) n_\nu s^2 \cos^2 \varphi \sin^2 \varphi +$$

$$+ (2c_2 n_\nu + c_1 \nu_{12}) \sin^2 \varphi + \cos^2 \varphi,$$

$$g_2(s, \varphi) = c_1 c_2 a_1 n_\nu s^2 \sin^4 \varphi + c_2 a_1 n_\nu s^2 \cos^4 \varphi + c_1 a_1 (1 - 2c_2 \nu_{12}) n_\nu s^2 \cos^2 \varphi \sin^2 \varphi +$$

$$+ (2c_2 n_\nu + c_1 \nu_{12}) \cos^2 \varphi + c_1 \sin^2 \varphi,$$

$$(3.16)$$

$$g_3(s,\varphi) = c_1 c_2 a_1 a_2 n_\nu s^4 \sin^4 \varphi + c_2 a_1 a_2 n_\nu s^4 \cos^4 \varphi + c_1 a_1 a_2 (1 - 2c_2\nu_{12}) n_\nu s^4 \cos^2 \varphi$$

$$+ \sin^2 \varphi + (c_1 a_2 + c_2 a_1 n_\nu) s^2 \sin^2 \varphi + (a_1 + c_2 a_2 n_\nu) s^2 \cos^2 \varphi + 1$$

Значение параметра критической нагрузки получаем минимизацией функции нагружения $\Lambda'(s, \varphi, \omega)$ по волновым числам s, φ:

$$\Lambda'_*(\omega) = \min_{s,\varphi} {}^+ \Lambda'(s, \varphi, \omega) = \Lambda'(s_*, \varphi_*, \omega) \qquad (3.17)$$

где знак $^+$ говорит о том, что ищется положительный минимум, а звездочка указывает на критические значения соответствующих величин. Предполагается также, что существуют такие φ, при которых $f_T(\varphi) > 0$. В данном случае $\Lambda'_*(\omega)$ соответствует значению λ_0 в разложении (3.2) в случае, когда кривизны ρ_1, ρ_2 можно считать постоянными. В общем случае

$$\Lambda'_*(\omega) = \min_{s,\varphi,x,y} {}^+ \Lambda'(s, \varphi, \rho_1(x,y), \rho_2(x,y), \omega) = \Lambda'(s_*, \varphi_*, \rho_{1*}, \rho_{2*}, \omega) \qquad (3.18)$$

где значения ρ_{1*}, ρ_{2*} соответствуют наиболее "слабым" точкам срединной поверхности оболочки, в окрестности которых происходит потеря устойчивости.

Пусть у нас имеется решение вида (3.9), определяющее волнообразование при потере устойчивости. Рассмотрим случай отсутствия сдвига $t_3 = 0$. Тогда из (3.9), (3.15) непосредственно видно, что условиям (3.17) будут удовлетворять также и $\pm p$, $\pm q$. Составляя линейную комбинацию функций $e^{\frac{(\pm px \pm qy)i}{R}}$, приходим к форме потери устойчивости вида $w = w_0 \sin \dfrac{px}{R} \sin \dfrac{qy}{R}$, отвечающей системе локальных вмятин, расположенных в "шахматном" порядке ([64, 65]).

3.4 Частные случаи

3.4.1 Ортотропная оболочка модели Кирхгофа—Лява

Рассмотрим, как упростится выражение для Λ', когда коэффициенты сдвига a_1, a_2 равны нулю. В этом случае

$$\Lambda'(s, \varphi, \omega) = \frac{1}{f_T(\varphi)} \left(\frac{f_R(\varphi)}{s^2 f(\varphi)} + \frac{s^2}{12 n_\nu} g(\varphi) + \frac{\omega}{s} \right)$$

где

$$g(\varphi) = \cos^4 \varphi + c_1 \sin^4 \varphi + (2c_1\nu_{12} + 4c_2(1 - c_1\nu_{12}^2)) \cos^2 \varphi \sin^2 \varphi$$

Данный случай был рассмотрен в статье [41].

1.Критическая нагрузка. Проанализируем зависимость параметра критической нагрузки Λ_*' при однородном сжатии сферы ($t_1 = t_2 = 1$, $t_3 = 0$) от упругих параметров ортотропной оболочки $c_1 = \dfrac{E_2}{E_1}$, $c_2 = \dfrac{G_{12}}{E_1}$ и жесткости основания ω. Графики зависимостей $\Lambda_*'(c_1, c_2, \omega)$ при $c_2 = 0.01$, $c_2 = 0.1$ и $c_2 = 0.5$ представлены на рисунках 3.1, 3.2 и 3.3 соответственно. На каждом из рисунков приведены три графика: с номером 1, соответствующим $\omega = 0.001$, номер $2 - \omega = 0.05$ и номер $3 - \omega = 0.1$. Безразмерную толщину оболочки h_* полагаем равной 0.01.

Из рисунков 3.1 — 3.3 видно, что для каждого фиксированного значении параметра c_2 при увеличении параметра c_1 критическая нагрузка также возрастает. При увеличении c_2 и постоянном c_1 происходит возрастание Λ_*'. То же самое имеет место при увеличении жесткости основания ω. Используя данные, приведенные в таблицах 3.1 — 3.3, рассмотрим, насколько возрастет критическая нагрузка по сравнению с $\Lambda_*'(c_1, c_2, \omega) = 0.06$ при $\omega = 0.001$, $c_1 = 0.2$ и $c_2 = 0.01$. Зафиксируем сначала c_1 и c_2 и будем увеличивать жесткость основания сначала с $\omega = 0.001$ до $\omega = 0.05$, затем с $\omega = 0.05$ до $\omega = 0.1$. В первом случае критическая нагрузка возросла на 58 % по сравнению с исходным значением, во втором — на 33% по сравнению с промежуточным. Как мы видим, скорость роста критической нагрузки с увеличением ω также увеличивается.

Пусть теперь при тех же самых исходных значениях $\omega = 0.001$, $c_1 = 0.2$ и $c_2 = 0.01$ значение c_1 возрастает с $c_1 = 0.2$ до $c_1 = 1$. В первом случае $E_1 = 5E_2$, в последнем $E_1 = E_2$ (оболочка становится трансверсально изотропной). И в том и в другом случае E_1 остается фиксированным. Как видно из таблицы, при таком изменении соотношения жесткостей вдоль главных направлений критическая нагрузка возрастет на 65 % по сравнению с исходным значением.

Снова взяв те же самые исходные значения ω, c_1, c_2, положим, что отношение $\dfrac{G_{12}}{E_1}$ возрастает с 0.01 до 0.1 и с 0.01 до 0.5 соответственно. Тогда значение Λ'_* на первом шаге возрастет приблизительно на 222 % по сравнению с исходным и на втором шаге — еще на 35 % по сравнению с промежуточным.

Таким образом, наиболее значительное положительное приращение критической нагрузки в данном случае имеет место при увеличении модуля сдвига в касательном направлении.

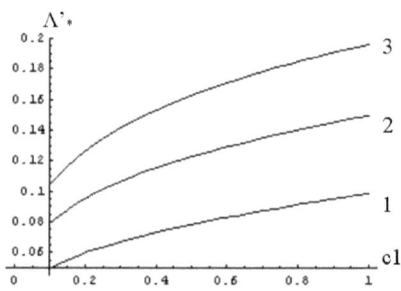

Рис. 3.1. График зависимости параметра критической нагрузки Λ'_* от упругого параметра $c_1 = \dfrac{E_2}{E_1}$ при $c_2 = 0.01$ и $\omega = 0.001$ (кривая 1), $\omega = 0.05$ (кривая 2) и $\omega = 0.1$ (кривая 3)

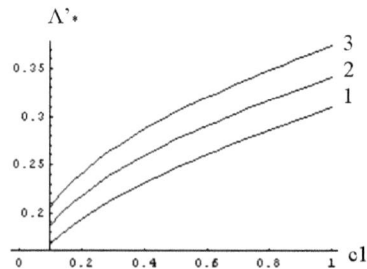

Рис. 3.2. График зависимости параметра критической нагрузки Λ'_* от упругого параметра $c_1 = \dfrac{E_2}{E_1}$ при $c_2 = 0.1$ и $\omega = 0.001$ (кривая 1), $\omega = 0.05$ (кривая 2) и $\omega = 0.1$ (кривая 3)

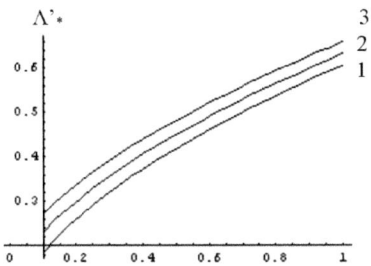

Рис.3.3. График зависимости параметра критической нагрузки Λ'_* от упругого параметра $c_1 = \dfrac{E_2}{E_1}$ при $c_2 = 0.5$ и $\omega = 0.001$ (кривая 1), $\omega = 0.05$ (кривая 2) и $\omega = 0.1$ (кривая 3)

Таблица 3.1. Зависимость $\Lambda'_*(c_1, \omega)$ при $c_2 = 0.01$

ω	$c_1 = 0.2$	$0,4$	$0,6$	$0,8$	$1,0$
0.001	0.060	0.073	0.083	0.091	0.099
0.05	0.095	0.115	0.129	0.140	0.150
0.1	0.127	0.153	0.171	0.185	0.196

Таблица 3.2. Зависимость $\Lambda'_*(c_1, \omega)$ при $c_2 = 0.1$

ω	$c_1 = 0.2$	$0,4$	$0,6$	$0,8$	1
0.001	0.193	0.231	0.261	0.286	0.309
0.05	0.217	0.259	0.291	0.317	0.341
0.1	0.241	0.286	0.320	0.348	0.373

Таблица 3.3. Зависимость $\Lambda'_*(c_1, \omega)$ при $c_2 = 0.5$

ω	$c_1 = 0.2$	$0,4$	$0,6$	$0,8$	1
0.001	0.261	0.373	0.460	0.537	0.606
0.05	0.300	0.406	0.490	0.565	0.633
0.1	0.338	0.438	0.520	0.593	0.660

2. Параметры волнообразования. Значения $\varphi_*(c_1, c_2, \omega)$ при $c_2 = 0.01$ и $c_2 = 0.1$ приведены на рисунках 3.4 и 3.5 и в таблицах 3.4 и 3.5 соответственно. Как видно из них, для каждого данного c_2 при увеличении c_1 с $c_1 = 0.2$ до $c_1 = 1$ угол $\varphi_*(\omega)$ убывает, пока не становится равным $\dfrac{\pi}{4}$ для трансверсально изотропного случая. При увеличении жесткости основания и фиксированных c_1, c_2 угол $\varphi_*(\omega)$ возрастает, причем тем больше, чем меньше соотношение $c_1 = \dfrac{E_2}{E_1}$. Представление о параметрах волнообразования p, q при различных c_1, c_2, ω можно получить из таблиц 3.6 — 3.8. Как видно из таблицы 3.8, при большом по сравнению с E_1 значении модуля сдвига ($c_2{=}0.5$) вмятины вытягиваются вдоль направления β и локальный подход становится неприменимым.

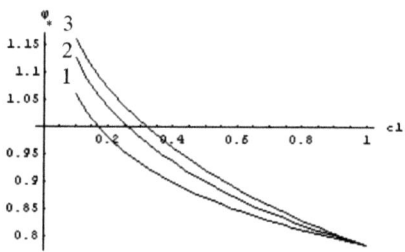

Рис. 3.4. График зависимости параметра φ_* от упругого параметра $c_1 = \dfrac{E_2}{E_1}$ при $c_2 = 0.01$ и $\omega = 0.001$ (кривая 1), $\omega = 0.05$ (кривая 2) и $\omega = 0.1$ (кривая 3)

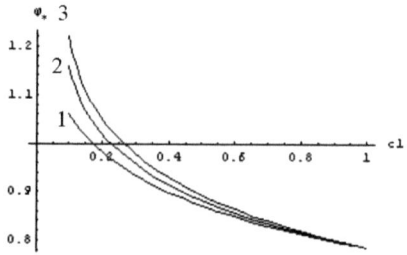

Рис. 3.5. График зависимости параметра φ_* от упругого параметра $c_1 = \dfrac{E_2}{E_1}$ при $c_2 = 0.1$ и $\omega = 0.001$ (кривая 1), $\omega = 0.05$ (кривая 2) и $\omega = 0.1$ (кривая 3)

Таблица 3.4. Зависимость $\varphi_*(c_1, \omega)$ при $c_2 = 0.01$

ω	$c_1 = 0.2$	$0,4$	$0,6$	$0,8$	$1,0$
0.001	0.982	0.900	0.850	0.813	0.785
0.05	1.039	0.937	0.871	0.823	0.785
0.1	1.072	0.963	0.888	0.831	0.785

Таблица 3.5. Зависимость $\varphi_*(c_1, \omega)$ при $c_2 = 0.1$

ω	$c_1 = 0.2$	$0,4$	$0,6$	$0,8$	$1,0$
0.001	0.982	0.899	0.849	0.813	0.785
0.05	1.018	0.915	0.857	0.816	0.785
0.1	1.048	0.930	0.865	0.819	0.785

Таблица 3.6. Зависимости $p(c_1, \omega)$, $q(c_1, \omega)$ при $c_2 = 0.01$

	$c_1 = 0,2$		$0,4$		$0,6$		$0,8$		$1,0$	
ω	p	q	p	q	p	q	p	q	p	q
0.001	6.92	10.38	6.66	8.40	6.53	7.43	6.44	6.81	6.38	6.38
0.05	7.60	12.90	7.38	10.04	7.29	8.67	7.24	7.81	7.20	7.20
0.1	8.10	14.90	7.96	11.45	17.93	9.76	7.93	8.69	7.93	7.93

Таблица 3.7. Зависимости $p(c_1, \omega)$, $q(c_1, \omega)$ при $c_2 = 0.1$

	$c_1 = 0,2$		$0,4$		$0,6$		$0,8$		$1,0$	
ω	p	q	p	q	p	q	p	q	p	q
0.001	10.80	16.17	10.74	13.51	10.71	12.17	10.69	11.30	10.67	10.67
0.05	10.85	17.58	10.92	14.19	10.94	12.63	10.95	11.65	10.95	10.95
0.1	10.87	18.87	11.09	14.86	11.16	13.09	11.20	11.99	11.22	11.22

Таблица 3.8. Зависимости $p(c_1, \omega)$, $q(c_1, \omega)$ при $c_2 = 0.5$

	$c_1 = 0,2$		0,4		0,6		0,8		1,0	
ω	p	q	p	q	p	q	p	q	p	q
0.001	12.40	0	14.67	0	16.16	0	17.28	0	18.18	0
0.05	12.86	0	15.00	0	16.42	0	17.51	0	18.38	0
0.1	13.31	0	15.32	0	16.69	0	17.74	0	18.59	0

3.4.2 Трансверсально изотропная оболочка модели Тимошенко

В этом случае $E_1 = E_2 = E$, $\nu_{12} = \nu_{21} = \nu$, $G_{12} = \dfrac{E}{2(1+\nu)}$, $G'_{13} = G'_{23} = G'$ и оба коэффициента сдвига одинаковы: $a = \dfrac{Eh_*}{12G'n_\nu}$. Отсюда

$$\Lambda'(s, \varphi, \omega) = \frac{1}{f_T(\varphi)}\left(\frac{f_R(\varphi)}{s^2} + \frac{s^2}{12n_\nu}\frac{1}{as^2+1} + \frac{\omega}{s}\right) \tag{3.19}$$

Сделав замену $s = s_1(12n_\nu)^{1/4}$, $a_1 = a(12n_\nu)^{1/2}$, $\omega_1 = \dfrac{\omega(12n_\nu)^{1/4}}{2}$, $\Lambda'' = \Lambda'(12n_\nu)^{1/2}$, получим выражение

$$\Lambda''(s_1, \varphi, \omega_1) = \frac{1}{f_T(\varphi)}\left(\frac{s_1^2}{a_1 s_1^2 + 1} + \frac{f_R(\varphi)}{s_1^2} + \frac{2\omega_1}{s}\right) \tag{3.20}$$

совпадающее с приведенным в [40]. Частный случай данного результата для устойчивости трансверсально изотропной сферической оболочки модели Тимошенко без заполнителя был получен в [16].

Однородное сжатие сферы.

$$\rho_1 = \rho_2 = 1, \; t_1 = t_2 = 1, \; t_3 = 0, \; f_R = f_T = 1$$
$$\Lambda''(s_1, a_1, \omega_1) = \frac{2\omega_1}{s_1} + \frac{1}{s_1^2} + \frac{s_1^2}{1 + a_1 s_1^2}$$

Поскольку в данном случае функция нагружения Λ'' не зависит от параметра φ, любое значение этого параметра удовлетворяет условию потери устойчивости (3.17).

1. Положим сначала, что жесткость основания весьма мала: $\omega_1 \ll 1$. Тогда можно показать, что s_{1*}, Λ''_* раскладываются в ряд по параметру ω_1 (см. [40]) следующим образом:

$$s_{1*} = K(a_1, \omega_1) = \frac{1}{\sqrt{1-a_1}} + \frac{1}{4(1-a_1)^2}\omega_1 + \frac{6a_1 - 1}{8(3a_1 + 4)\sqrt{(1-a_1)^7}}\omega_1^2 + O(\omega_1^3)$$

$$\Lambda''_* = G(a_1, \omega_1) = (2 - a_1) + 2(\sqrt{1-a_1})\omega_1 + \frac{1}{4(a_1 - 1)}\omega_1^2 + O(\omega_1^3)$$

$$(3.21)$$

При отсутствии сдвига ($a_1 = 0$) получается ряд, совпадающий с приведенным в [65].

Теперь рассмотрим графические зависимости $\Lambda''_*(a_1)$, $s_{1*}(a_1)$, приведенные на рисунках 3.6 и 3.7 соответственно. На обоих рисунках кривая 1 отвечает $\omega_1 = 0$, кривая 2 — $\omega_1 = 0.2$, кривая 3 — $\omega_1 = 0.5$. Сравним значения $s_{1*}(a_1)$, $\Lambda''_*(a_1)$ при коэффициенте сдвига $a_1 = 0$ (модель Кирхгофа — Лява) $a_1 > 0$ (модель Тимошенко). Как мы видим, при увеличении коэффициента сдвига параметр волнообразования s_{1*} увеличивается, а параметр критической нагрузки Λ''_* убывает. К примеру, для $\omega_1 = 0.2$ при возрастании коэффициента сдвига от $a_1 = 0$ до $a_1 = 0.5$ критическая нагрузка уменьшается приблизительно на 26% по сравнению с исходным значением. С увеличением ω_1 при фиксированном коэффициенте сдвига параметр волнообразования и критическая нагрузка возрастают. Для получения более полного представления о характере зависимости параметров волнообразования и критической нагрузки от коэффициента сдвига некоторые их значения при разных a_1, ω_1 представлены в таблицах 3.9 и 3.10. В частности, при $a_1 = 0$ они совпадают с полученными в [65].

2. Рассмотрим случай больших значений жесткости основания:

$$\omega_1 \gg \frac{1}{a_1^2} > 1$$

. Тогда $\Lambda''(s_1, a_1)$ является функцией, строго убывающей по s_1 и

$$\lim_{s_1 \to +\infty} \Lambda''(s_1, a_1) = \frac{1}{a_1}.$$

Отсюда видно, что при достаточно больших значениях ω_1 критическая нагрузка преимущественно зависит от коэффициента сдвига.

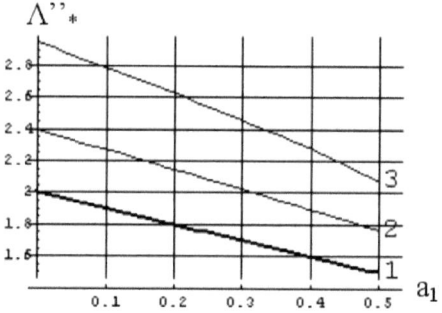

Рис. 3.6. График зависимости параметра критической нагрузки Λ''_* от коэффициента сдвига a_1 при $\omega_1 = 0$ (кривая 1), $\omega_1 = 0.2$ (кривая 2) и $\omega_1 = 0.5$ (кривая 3)

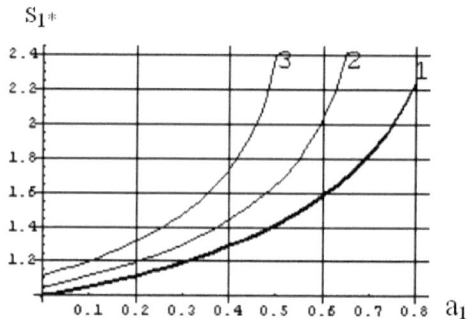

Рис. 3.7. График зависимости параметра волнообразования s_{1*} от коэффициента сдвига a_1 при $\omega_1 = 0$ (кривая 1), $\omega_1 = 0.2$ (кривая 2) и $\omega_1 = 0.5$ (кривая 3)

Таблица 3.9. Зависимость параметра критической нагрузки Λ_*'' от коэффициента сдвига a_1 и жесткости основания ω_1 при однородном сжатии сферической оболочки.

ω_1	$a_1 = 0$	$0,005$	$0,01$	$0,05$	$0,1$	$0,5$
0	2.000	1.995	1.990	1.950	1.900	1.500
0.3	2.579	2.573	2.566	2.513	2.446	1.879
0.6	3.122	3.113	3.105	3.037	2.951	—
0.9	3.634	3.624	3.614	3.529	3.421	—

Таблица 3.10. Зависимость параметра волнообразования s_{1*} от коэффициента сдвига a_1 и жесткости основания ω_1 при однородном сжатии сферической оболочки.

ω_1	$a_1 = 0$	$0,005$	$0,01$	$0,05$	$0,1$	$0,5$
0	1.000	1.003	1.005	1.026	1.054	1.414
0.3	1.072	1.076	1.079	1.107	1.145	1.811
0.6	1.139	1.143	1.147	1.183	1.233	—
0.9	1.201	1.206	1.211	1.255	1.317	—

Кручение сферы.

$$\rho_1 = \rho_2 = 1,\ t_1 = t_2 = 0,\ t_3 = 1,\ f_R = 1,\ f_T(\varphi) = \sin 2\varphi,$$
$$\Lambda''(s_1, \varphi, a_1, \omega_1) = \frac{1}{\sin 2\varphi}\left(\frac{2\omega_1}{s_1} + \frac{1}{s_1^2} + \frac{s_1^2}{1 + a_1 s_1^2}\right).$$

Экстремум функции Λ'' достигается при $\varphi_* = \dfrac{\pi}{4}$, а значения s_{1*} и Λ_*'' совпадают с (3.21).

Цилиндрическая оболочка при осевом сжатии.

$$\rho_1 = 0,\ \rho_2 = 1,\ t_1 = 1,\ t_2 = t_3 = 0,\ f_R(\varphi) = \cos^4\varphi,\ f_T(\varphi) = \cos^2\varphi,$$
$$\Lambda''(s_1, \varphi, a_1, \omega_1) = \frac{1}{\cos^2\varphi}\left(\frac{2\omega_1}{s_1} + \frac{\cos^4\varphi}{s_1^2} + \frac{s_1^2}{1 + a_1 s_1^2}\right).$$

Находя минимум $\Lambda''(s_1, \varphi, a_1, \omega_1)$ по волновым параметрам s_1, φ, убеждаемся, что он достигается при $\varphi_* = 0$, а значения s_{1*} и Λ_*'' совпадают с (3.21).

Цилиндрическая оболочка при кручении.

$$\rho_1 = 0, \ \rho_2 = 1, \ t_1 = t_2 = 0, \ t_3 = 1, \ f_R(\varphi) = \cos^4 \varphi, \ f_T(\varphi) = \sin 2\varphi,$$
$$\Lambda''(s_1, \varphi, a_1, \omega_1) = \frac{1}{\sin 2\varphi} \left(\frac{2\omega_1}{s_1} + \frac{\cos^4 \varphi}{s_1^2} + \frac{s_1^2}{1 + a_1 s_1^2} \right).$$

Поскольку локальный подход при отсутствии основания в данном случае неприменим, мы считаем что $\omega_1 > 0$. Как показано в [65], если справедлива модель Кирхгофа — Лява ($a_1 = 0$) и $\omega_1 \ll 1$

$$s_{1*} = \left(\frac{5\omega_1}{2} \right)^{1/3}, \quad \varphi_* = \frac{\pi}{2} - l_2 \omega_1^{1/3}, \quad \Lambda''_* = l_1 \omega_1^{\frac{1}{3}},$$
$$l_1 = 2^{2/3} 3^{3/4} 5^{-5/12} = 1.85, \quad l_2 = 2^{-1/3} 3^{1/4} 5^{-1/12} = 1.24 \tag{3.22}$$

Если $a_1 = 0$ и $\omega_1 \gg 1$, то $s_{1*} = \omega_1^{1/3}$, $\varphi_* = \frac{\pi}{4}$, $\Lambda''_* = 3\omega_1^{2/3}$.

Графические зависимости $\Lambda''_*(a_1)$, $s_{1*}(a_1)$ и $\varphi_*(a_1)$ приведены на рисунках 3.8, 3.9 и 3.10. На каждом из этих рисунков кривая 1 соответствует $\omega_1 = 0.1$, кривая 2 — $\omega_1 = 0.3$, кривая 3 — $\omega_1 = 0.5$. Значения $\Lambda''_*(0)$, $s_{1*}(0)$, $\varphi_*(0)$ соответствуют модели Кирхгофа — Лява (отсутствие сдвига). Из рисунков 3.8 — 3.10 мы видим, что при увеличении коэффициента сдвига a_1 параметр волнообразования s_{1*} увеличивается, а угол φ_* и параметр критической нагрузки Λ''_* убывают. К примеру, для $\omega_1 = 0.2$ при возрастании коэффициента сдвига от $a_1 = 0$ до $a_1 = 0,5$ критическая нагрузка уменьшается приблизительно на 10% по сравнению с исходным значением. Таким образом, в случае кручения цилиндра с увеличением сдвига критическая нагрузка убывает значительно медленнее, чем при однородном сжатии сферы. С увеличением ω_1 при фиксированном коэффициенте сдвига параметр волнообразования и критическая нагрузка возрастают, а угол наклона вмятин убывает. Более подробно о зависимости параметра волнообразования s_{1*}, углового параметра φ_* и параметра критической нагрузки Λ''_* от коэффициента сдвига a_1 можно узнать из таблиц 3.11, 3.12 и 3.13.

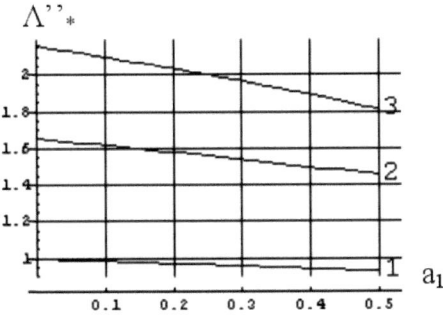

Рис. 3.8. График зависимости параметра критической нагрузки Λ_*'' от коэффициента сдвига a_1 при $\omega_1 = 0.1$ (кривая 1), $\omega_1 = 0.3$ (кривая 2) и $\omega_1 = 0.5$ (кривая 3)

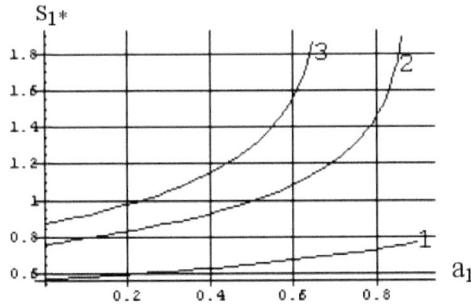

Рис. 3.9. График зависимости параметра волнообразования s_{1*} от коэффициента сдвига a_1 при $\omega_1 = 0.1$ (кривая 1), $\omega_1 = 0.3$ (кривая 2) и $\omega_1 = 0.5$ (кривая 3)

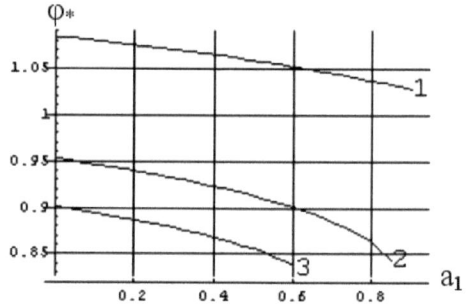

Рис. 3.10. График зависимости углового параметра φ_* от коэффициента сдвига a_1 при $\omega_1 = 0.1$ (кривая 1), $\omega_1 = 0.3$ (кривая 2) и $\omega_1 = 0.5$ (кривая 3)

Таблица 3.11. Зависимость параметра критической нагрузки Λ''_* от коэффициента сдвига a_1 и жесткости основания ω_1 при кручении цилиндрической оболочки.

ω_1	$a_1 = 0$	$0,005$	$0,01$	$0,05$	$0,1$	$0,5$
0.2	0.9994	0.9991	0.9988	0.9966	0.9937	0.9644
0.6	0.8838	0.8835	0.8832	0.8807	0.8774	0.8378
0.9	0.8531	0.8528	0.8525	0.8501	0.8470	—

Таблица 3.12. Зависимость параметра волнообразования s_{1*} от коэффициента сдвига a_1 и жесткости основания ω_1 при кручении цилиндрической оболочки.

ω_1	$a_1 = 0$	$0,005$	$0,01$	$0,05$	$0,1$	$0,5$
0.2	0.6872	0.6883	0.6894	0.6984	0.7103	0.8419
0.6	0.9190	0.9215	0.9240	0.9452	0.9742	1.4745
0.9	1.0267	1.0302	1.0337	1.0638	1.1059	—

Таблица 3.13. Зависимость углового параметра φ_* от коэффициента сдвига a_1 и жесткости основания ω_1 при кручении цилиндрической оболочки.

ω_1	$a_1 = 0$	$0,005$	$0,01$	$0,05$	$0,1$	$0,5$
0.2	1.3579	1.3567	1.3555	1.3456	1.3331	1.2249
0.6	2.3880	2.3844	2.3807	2.3512	2.3135	1.9585
0.9	3.0123	3.0067	3.0011	2.9554	2.8966	—

Устойчивость выпуклых оболочек.

1. Пусть сначала существует такой угол $\varphi = \varphi_*$, при котором функция $f_R(\varphi)$ минимальна, а функция $f_T(\varphi)$ максимальна. Тогда при $\varphi = \varphi_*$ после минимизации функции Λ'' по параметру s_1 мы получим:

$$\Lambda''{}_*(a_1, \omega_1) = \min_{s_1} \Lambda''(s_1, \varphi_*, a_1, \omega_1) = \frac{\sqrt{f_{R*}}}{f_{T*}} G(a_1', \omega_1'),$$

$$s_{1*}(a_1, \omega_1) = K(a_1', \omega_1')(f_{R*})^{1/4},$$

где $f_{R*} = f_R(\varphi_*)$, $f_{T*} = f_T(\varphi_*)$, $a_1' = a_1(f_{R*})^{1/2}$, $\omega_1' = \omega_1(f_{R*})^{-3/4}$.

2. Пусть теперь особого угла нет. В этом случае задача сводится к минимизации функции Λ'' по двум параметрам s_1, φ. После минимизации по s_1, аналогично п. 1, получим:

$$\Lambda''_*(a_1, \omega_1) = \min_{\varphi} \frac{\sqrt{f_R(\varphi)}}{f_T(\varphi)} G(a_1', \omega_1'), \quad s_{1*}(a_1, \omega_1) = K(a_1', \omega_1')(f_R(\varphi))^{1/4}.$$

где $a_1' = a_1(f_R(\varphi))^{1/2}$, $\omega_1' = \omega_1(f_R(\varphi))^{-3/4}$.

При отсутствии основания ($\omega_1' = 0$)

$$\Lambda''_* = \min_{\varphi} \frac{\sqrt{f_R(\varphi)}(2 - a_1 * \sqrt{f_R(\varphi)}\,)}{f_T(\varphi)} = \frac{\sqrt{f_R(\varphi_0)}(2 - a_1 * \sqrt{f_R(\varphi_0)}\,)}{f_T(\varphi_0)}.$$

Если же $\omega_1 \gg 1$, то слагаемым $f_R(\varphi)$ в выражении функции Λ'' можно пренебречь и $\Lambda''_* = \min_{\varphi} \dfrac{1}{a_1 * f_T(\varphi)}$.

3.5 Устойчивость ортотропной сферической оболочки при различных значениях параметров сдвига

От частных случаев вернемся к результатам, полученным в п. 3.3 и исследуем потерю устойчивости ортотропной оболочки на конкретном численном примере.

Рассмотрим однородное сжатие сферической оболочки из стеклопластика со следующими характеристиками ([1]): $E_1 = 36*10^3$МПа, $E_2 = 26.3*10^3$МПа, $G_{12} = 4.9*10^3$МПа, $G_{13} = 4.4*10^3$МПа, $G_{23} = 4*10^3$МПа, $\nu_{12} = 0.105$. В данном случае $\rho_1 = \rho_2 = 1$, $c_1 = 0.73$, $c_2 = 0.14$, $G'_{13} = 3.7*10^3$МПа, $G'_{23} = 3.3*10^3$МПа. Радиус оболочки R полагаем равным 1, толщину оболочки $h = 0.01$. При однородном сжатии безразмерные параметры (3.6) принимают значения $t_1 = t_2 = 1$, $t_3 = 0$.

Зависимости параметра критической нагрузки Λ'_* (3.17) от коэффициентов сдвига a_1, a_2 в виде поверхностей — графиков в трехмерной системе координат (a_1, a_2, Λ'_*) при значениях жесткости основания $\omega = 0.001$, $\omega = 0.1$ и $\omega = 0.5$ представлены на рисунках 3.11, 3.12 и 3.13 соответственно. Как видно из этих рисунков, при увеличении a_1, a_2 параметр Λ'_* постепенно уменьшается и начиная с некоторых значений a_1, a_2 он убывает намного быстрее. При увеличении жесткости основания ω и малых значениях a_1, a_2 параметр Λ'_* увеличивается. Наиболее наглядно это видно из таблиц $3.14 - 3.16$: при постоянных $a_1 = a_2 = 0.001$ с увеличением жесткости основания с $\omega = 0.001$ до $\omega = 0.5$ параметр критической нагрузки $\Lambda'_*(a_1, a_2, \omega)$ увеличивается на $87\% - $ с $\Lambda'_* = 0.30$ до $\Lambda'_* = 0.56$. Однако, как видно из рисунков $3.11 - 1.13$, с увеличением ω пороговые значения коэффициентов сдвига, начиная с которых Λ'_* резко убывает, становятся меньше. Это обусловлено ростом влияния сдвига на критическую нагрузку при увеличении жесткости основания. Аналогичное явление было отмечено и в п. 3.4.2 для трансверсально изотропных оболочек — см. например, рис. 3.6 и таблицу 3.9, из которых видно, что с увеличением жесткости основания $\Lambda''_*(a_1)$ как функция коэффициента сдвига

(3.20) убывает быстрее. Значения параметров волнообразования p, q при различных a_1, a_2 и $\omega = 0.5$, $\omega = 0.001$ и $\omega = 0.1$ представлены в таблицах 3.17, 3.18 и 3.19 соответственно. Как видно из данных таблиц, при больших значениях коэффициентов сдвига происходит вытягивание вмятин, образующихся при потере устойчивости, вдоль направления β, а длина волны $L = \dfrac{2\pi R}{k}$ (k — параметр волнообразования) вдоль направления α становится меньше толщины оболочки $h = 0.01$ (это означает, что волновой параметр p, отвечающий за волнообразование вдоль α, становится практически бесконечным). Из [99] известно, что при значительном поперечном сдвиге имеет место потеря устойчивости самого материала оболочки и двумерная теория оболочек становится неприменимой.

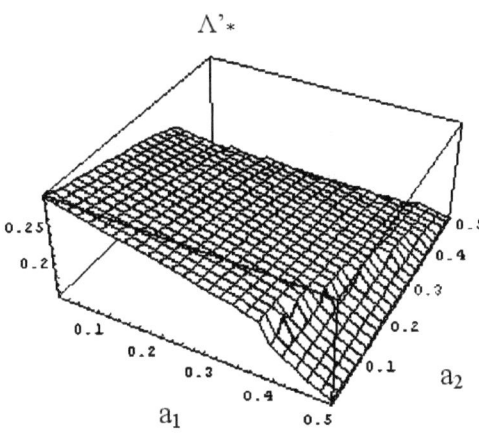

Рис. 3.11. Зависимость параметра критической нагрузки Λ'_* от коэффициентов сдвига a_1, a_2 при $\omega = 0.001$

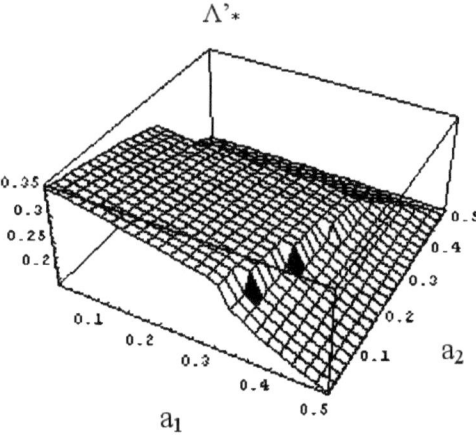

Рис. 3.12. Зависимость параметра критической нагрузки Λ'_* от коэффициентов сдвига a_1, a_2 при $\omega = 0.1$

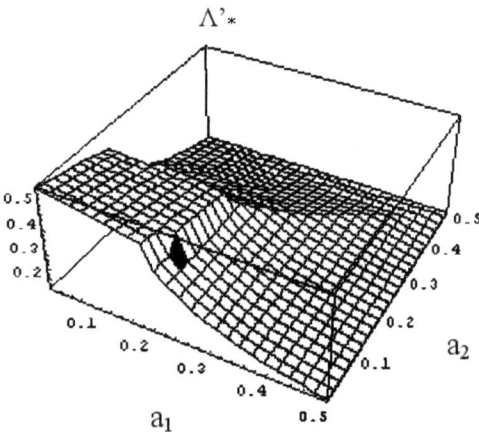

Рис. 3.13. Зависимость параметра критической нагрузки Λ'_* от коэффициентов сдвига a_1, a_2 при $\omega = 0.5$

Таблица 3.14. Параметр критической нагрузки Λ'_* при некоторых значениях коэффициентов сдвига a_1, a_2 и жесткости основания $\omega = 0.001$

	$a_1 = 0.001$	0.1	0.3	0.39	0.4	0.42	0.44	0.46	0.48	0.5
$a_2 = 0.001$	0.30	0.28	0.25	0.23	0.21	0.20	0.19	0.18	0.18	0.17
0.1	0.28	0.27	0.24	0.22	0.22	0.20	0.19	0.18	0.18	0.17
0.3	0.26	0.24	0.22	0.20	0.20	0.20	0.20	0.18	0.18	0.17
0.4	0.21	0.21	0.20	0.19	0.19	0.19	0.19	0.18	0.18	0.17
0.42	0.20	0.20	0.20	0.19	0.19	0.19	0.18	0.18	0.18	0.16
0.44	0.19	0.19	0.20	0.19	0.19	0.18	0.18	0.18	0.18	0.17
0.46	0.18	0.18	0.18	0.18	0.18	0.18	0.18	0.18	0.17	0.17
0.48	0.18	0.18	0.18	0.18	0.18	0.18	0.18	0.17	0.17	0.17
0.5	0.17	0.17	0.17	0.17	0.17	0.17	0.17	0.17	0.17	0.17

Таблица 3.15. Параметр критической нагрузки Λ'_* при некоторых значениях коэффициентов сдвига a_1, a_2 и жесткости основания $\omega = 0.1$

	$a_1 = 0.001$	0.1	0.2	0.3	0.32	0.34	0.36	0.38	0.4
$a_2 = 0.001$	0.35	0.34	0.32	0.29	0.29	0.25	0.23	0.22	0.21
0.1	0.34	0.32	0.30	0.28	0.28	0.27	0.23	0.22	0.21
0.2	0.32	0.30	0.29	0.27	0.27	0.26	0.26	0.22	0.21
0.3	0.30	0.28	0.27	0.25	0.25	0.25	0.24	0.22	0.21
0.32	0.26	0.28	0.27	0.25	0.25	0.24	0.24	0.24	0.21
0.34	0.25	0.25	0.26	0.25	0.24	0.24	0.24	0.23	0.21
0.36	0.23	0.23	0.23	0.24	0.24	0.24	0.23	0.23	0.21
0.38	0.22	0.22	0.22	0.22	0.24	0.23	0.23	0.23	0.21
0.4	0.21	0.21	0.21	0.21	0.21	0.21	0.21	0.21	0.21

Таблица 3.16. Параметр критической нагрузки Λ'_* при некоторых значениях коэффициентов сдвига a_1, a_2 и жесткости основания $\omega = 0.5$

	$a_1 = 0.001$	0.1	0.2	0.21	0.22	0.23	0.24	0.25
$a_2 = 0.001$	0.56	0.53	0.48	0.40	0.38	0.37	0.35	0.34
0.1	0.52	0.50	0.46	0.45	0.38	0.37	0.35	0.34
0.2	0.42	0.45	0.43	0.42	0.42	0.37	0.35	0.34
0.21	0.40	0.45	0.42	0.42	0.42	0.37	0.35	0.34
0.22	0.38	0.38	0.42	0.41	0.41	0.37	0.35	0.34
0.23	0.37	0.37	0.37	0.37	0.37	0.37	0.35	0.34

Таблица 3.17. Параметры волнообразования p, q при некоторых значениях коэффициентов сдвига a_1, a_2 и жесткости основания $\omega = 0.5$

		$a_1 = 0.001$	0.1	0.2	0.21	0.22	0.23
$a_2 = 0.001$	p	13.7	16.8	28.0	∞	∞	∞
	q	15.9	15.5	14.1	0	0	0
0.1	p	13.4	16.6	25.0	27.8	∞	∞
	q	19.5	19.1	18.6	18.4	0	0
0.2	p	0	16.2	24.5	26.4	29.4	∞
	q	∞	29.9	28.2	28.3	28.7	0
0.21	p	0	16.0	24.8	26.8	29.8	∞
	q	∞	34.8	30.7	30.8	31.3	0
0.22	p	0	0	25.4	27.6	31.1	∞
	q	∞	∞	34.9	35.0	35.8	0
0.23	p	0	0	0	0	∞	∞
	q	∞	∞	∞	∞	0	0

Таблица 3.18. Параметры волнообразования p, q при некоторых значениях коэффициентов сдвига a_1, a_2 и жесткости основания $\omega = 0.001$

		$a_1 = 0.001$	0.1	0.3	0.39	0.4	0.42	0.44	0.46	0.48	0.5
$a_2 = 0.001$	p	11.6	12.8	17.2	25.0	∞	∞	∞	∞	∞	∞
	q	12.6	12.6	12.4	11.7	0	0	0	0	0	0
0.1	p	11.7	12.9	17.1	22.2	23.5	∞	∞	∞	∞	∞
	q	13.9	13.8	13.8	13.6	13.5	0	0	0	0	0
0.3	p	11.6	13.0	17.2	21.1	21.7	23.3	25.8	∞	∞	∞
	q	18.7	18.4	18.1	18.2	18.2	18.3	18.4	0	0	0
0.37	p	11.4	13.0	17.4	21.2	21.7	23.2	25.0	27.8	∞	∞
	q	24.4	22.4	21.1	21.0	21.0	21.1	21.2	21.5	0	0
0.38	p	0	13.0	17.5	21.2	21.8	23.2	25.0	27.6	∞	∞
	q	∞	23.5	21.7	21.5	21.5	21.6	21.7	22.0	0	0
0.4	p	0	0	17.6	21.3	21.9	23.2	24.9	27.3	31.6	∞
	q	∞	∞	23.1	22.7	22.7	22.8	22.9	23.1	23.6	0
0.42	p	0	0	17.8	21.5	22.1	23.4	25.0	27.2	30.8	∞
	q	∞	∞	25.0	24.2	24.2	24.2	24.2	24.4	24.8	0
0.44	p	0	0	18.1	21.8	22.3	23.6	25.2	27.2	30.3	∞
	q	∞	∞	28.1	26.2	26.1	26.0	26.0	26.0	26.4	0
0.46	p	0	0	0	22.2	22.7	24.0	25.5	27.4	30.2	35.2
	q	∞	∞	∞	29.1	28.9	28.5	28.3	28.2	28.4	29.1
0.48	p	0	0	0	0	23.7	24.8	26.1	27.9	30.5	34.5
	q	∞	∞	∞	∞	34.4	32.7	31.8	31.3	31.2	31.5
0.5	p	0	0	0	0	0	0	28.3	29.2	31.3	34.7
	q	∞	∞	∞	∞	∞	∞	41.5	37.2	35.7	35.4

Таблица 3.19. Параметры волнообразования p, q при некоторых значениях коэффициентов сдвига a_1, a_2 и жесткости основания $\omega = 0.1$

		$a_1 = 0.001$	0.1	0.2	0.3	0.32	0.34	0.36	0.38	0.4	0.42
$a_2 = 0.001$	p	12.1	13.6	15.9	21.0	24.0	∞	∞	∞	∞	∞
	q	13.3	13.2	13.1	12.8	12.5	0	0	0	0	0
0.1	p	12.1	13.6	15.9	20.3	22.2	26.0	∞	∞	∞	∞
	q	14.9	14.9	14.8	14.6	14.6	14.4	0	0	0	0
0.2	p	12.0	13.6	15.9	20.0	21.5	23.7	28.3	∞	∞	∞
	q	17.5	17.4	17.2	17.2	17.2	17.3	17.3	0	0	0
0.3	p	11.7	13.6	16.1	20.2	21.5	23.3	25.8	∞	∞	∞
	q	24.2	22.7	22.0	21.7	21.7	21.8	22.0	0	0	0
0.32	p	0	13.6	16.2	20.3	21.7	23.3	25.8	30.4	∞	∞
	q	∞	25.3	23.8	23.2	23.2	23.2	23.4	24.1	0	0
0.34	p	0	0	16.3	20.6	21.9	23.6	25.9	30.0	∞	∞
	q	∞	∞	26.6	25.2	25.1	25.1	25.3	25.9	0	0
0.36	p	0	0	0	21.0	22.3	24.0	26.3	30.2	∞	∞
	q	∞	∞	∞	28.3	28.0	27.9	28.0	28.6	0	0
0.38	p	0	0	0	0	23.5	25.0	27.4	31.2	∞	∞
	q	∞	∞	∞	∞	34.6	33.2	32.7	33.1	0	0
0.4	p	0	0	0	0	0	0	0	0	0	0
	q	∞	∞	∞	∞	∞	∞	∞	∞	∞	∞

3.6 О погрешности локального подхода

3.6.1 Влияние граничных условий на критическую нагрузку

Пусть рассматриваемая задача устойчивости пологой оболочки принадлежит области применимости локального подхода. Рассмотрим вопрос о влиянии граничных условий на критическую нагрузку. В случае прямоугольной в плане оболочки при отсутствии кручения локальное решение (3.1) удовлетворяет условиям шарнирного опирания $u_2 = w = T_1 = M_1 = 0$. В [64] показано, что при локальной потере устойчивости в случае более жестких граничных условий(например, для жесткой заделки краев $u_1 = u_2 = w = \gamma_1 = 0$) критическая нагрузка лишь на малую величину порядка h_* может превосходить значение λ_0.

Если же края оболочки закреплены слабо, имеет место существенное снижение критической нагрузки по сравнению со значение λ_0. При этом форма потери устойчивости локализуется в окрестности слабо закрепленного края и имеет вид, отличный от (3.1). Случаи слабого закрепления краев оболочки описаны в работах [63, 64]. Присутствие упругого основания существенно меняет описанные выше результаты. При наличии основания локальный подход, позволяющий игнорировать граничные условия, оказывается применимым как для пластин, так и для оболочек нулевой и отрицательной гауссовой кривизны в предположении, что жесткость основания не слишком мала.

3.6.2 Влияние кривизны поверхности контакта

Введем следующие два параметра:

$$\epsilon_1 = \frac{L}{\pi R}, \quad \epsilon_2 = \frac{L}{L_0} \tag{3.23}$$

где L — длина полуволны деформации, R — характерный радиус кривизны срединной поверхности оболочки, L_0 — размер оболочки в плане. Пусть реакция основания оболочки взята в виде (3.10),полученном для полупространства. Влияние кривизны поверхности контакта оболочки и основания было оценено в работе [62] и имеет порядок ϵ_1. Также формула (3.10) для реакции основания нуждается в уточнении одновременно с уточнением формы прогиба (3.1) в окрестности краев оболочки (за исключением, быть может, случая их шарнирного опирания). Согласно [65], величина погрешности при вычислении критической нагрузки имеет порядок $\max\{\epsilon_1, \epsilon_2\}$.

Глава 4

Устойчивость оболочек с учетом предварительных напряжений в основании

4.1 Модель взаимодействия оболочки и основания с учетом предварительных напряжений

4.1.1 Уравнения равновесия предварительно напряженного основания

Пусть основание моделируется изотропным упругим полупространством, уравнения равновесия предварительно напряженного состояния которого имеют вид [66]:

$$\frac{\partial \sigma_{ij}}{\partial x_j} + \Delta_\sigma u_i = 0, \quad \Delta_\sigma u_i = \sigma_{jj}^0 \frac{\partial^2 u_i}{\partial x_j^2}, \quad i,j = 1,2,3 \qquad (4.1)$$

где x_1, x_2, $x_3 = z$ — декартовы координаты в тангенциальных (x_1, x_2) и нормальном $(x_3 = z)$ направлениях соответственно, u_i — соответствующие смещения, σ_{jj}^0 — постоянные начальные напряжения, σ_{kj} — дополнительные напряжения.

Для изотропного однородного материала соотношения упругости содержат две константы (E_0, ν_0)

$$\sigma_{ii} = E_0 \frac{(1-\nu_0)\varepsilon_{ii} + \nu_0(\varepsilon_{jj} + \varepsilon_{kk})}{(1+\nu_0)(1-2\nu_0)}, \quad i \neq j \neq k, \quad \sigma_{ij} = G_0 \varepsilon_{ij}, \quad G_0 = \frac{E_0}{2(1+\nu_0)}$$
$$(4.2)$$

где деформации равны

$$\varepsilon_{ii} = \frac{\partial u_i}{\partial x_i}, \quad \varepsilon_{ij} = \frac{\partial u_i}{\partial x_j} + \frac{\partial u_j}{\partial x_i}, \quad i \neq j \tag{4.3}$$

Для трансверсально изотропного материала — пять констант (E_0, E', G', ν_0, ν')

$$\sigma_{11} = E_0 \frac{(1 - \hat{\nu}^2)\varepsilon_{11} + (\nu_0 + \hat{\nu}^2)\varepsilon_{22} + \nu'(1 + \nu_0)\varepsilon_{33}}{(1 + \nu_0)(1 - \nu_0 - 2\hat{\nu}^2)}, \quad \sigma_{13} = G'\varepsilon_{13},$$

$$\sigma_{22} = E_0 \frac{(1 - \hat{\nu}^2)\varepsilon_{22} + (\nu_0 + \hat{\nu}^2)\varepsilon_{11} + \nu'(1 + \nu_0)\varepsilon_{33}}{(1 + \nu_0)(1 - \nu_0 - 2\hat{\nu}^2)}, \quad \sigma_{23} = G'\varepsilon_{23}, \tag{4.4}$$

$$\sigma_{33} = \frac{E_0\nu'(\varepsilon_{11} + \varepsilon_{22}) + E'(1 - \nu_0)\varepsilon_{33}}{1 - \nu_0 - 2\hat{\nu}^2}, \quad \sigma_{12} = G_0\varepsilon_{12}$$

где

$$G_0 = \frac{E_0}{2(1 + \nu_0)}, \quad \hat{\nu}^2 = (\nu')^2 \frac{E_0}{E'} < \frac{1 - \nu_0}{2} \tag{4.5}$$

И, наконец, для ортотропного материала — девять констант

$$\sigma_{ii} = E_i^* \left(\varepsilon_{ii} + \nu_{ij}^* \varepsilon_{jj} + \nu_{ik}^* \varepsilon_{kk} \right), \quad i = 1, 2, 3, \quad \sigma_{ij} = G_{ij}\varepsilon_{ij}, \quad i \neq j \neq k, \tag{4.6}$$

где

$$\nu_{ij}^* = \frac{\nu_{ij} + \nu_{ik}\nu_{kj}}{1 - \nu_{jk}\nu_{kj}}, \quad E_i^* = \frac{E_i}{1 - \nu_{ij}^*\nu_{ji} - \nu_{ik}^*\nu_{ki}}, \quad i \neq j \neq k \tag{4.7}$$

причём

$$E_i\nu_{ij} = E_j\nu_{ji}, \quad E_i^*\nu_{ij}^* = E_j^*\nu_{ji}^* \tag{4.8}$$

4.1.2 Построение двояко — периодического решения

Решение системы (4.1) с волновыми числами r_1 и r_2 ищем в виде

$$u_1 = u_1(z)\cos(r_1 x_1)\sin(r_2 x_2), \quad \sigma_{13} = \sigma_{13}(z)\cos(r_1 x_1)\sin(r_2 x_2),$$

$$u_2 = u_2(z)\sin(r_1 x_1)\cos(r_2 x_2), \quad \sigma_{23} = \sigma_{23}(z)\sin(r_1 x_1)\cos(r_2 x_2),$$

$$u_3 = u_3(z)\sin(r_1 x_1)\sin(r_2 x_2), \quad \sigma_{12} = \sigma_{12}(z)\cos(r_1 x_1)\cos(r_2 x_2),$$

$$\{\sigma_{11}, \sigma_{22}, \sigma_{33}\} = \{\sigma_{11}(z), \sigma_{22}(z), \sigma_{33}(z)\}\sin(r_1 x_1)\sin(r_2 x_2)$$

$$\tag{4.9}$$

где u_i, σ_{ij} — дополнительные перемещения и напряжения. Тогда система (4.1)

приводится к виду

$$(G_{13} + \sigma^0_{33})u''_1 - ((E_{11} + \sigma^0_1)r^2_1 + (G_{12} + \sigma^0_2)r^2_2)u_1 - (E_{12} + G_{12})r_1 r_2 u_2 +$$

$$(G_{13} + E_{13})r_1 u'_3 = 0,$$

$$(G_{23} + \sigma^0_{33})u''_2 - ((E_{22} + \sigma^0_2)r^2_2 + (G_{12} + \sigma^0_1)r^2_1)u_2 - (E_{12} + G_{12})r_1 r_2 u_1 +$$

$$(G_{23} + E_{23})r_2 u'_3 = 0, \tag{4.10}$$

$$(E_{33} + \sigma^0_{33})u''_3 - ((G_{13} + \sigma^0_1)r^2_1 + (G_{23} + \sigma^0_2)r^2_2)u_3 - (E_{13} + G_{13})r_1 u'_1 +$$

$$(E_{23} + G_{23})r_2 u'_2 = 0$$

причем выражения для напряжений имеют вид:

$$\sigma_{13} = G_{13}(u'_1 + r_1 u_3), \quad \sigma_{23} = G_{23}(u'_2 + r_2 u_3), \quad \sigma_{33} = -E_{13}r_1 u_1 - E_{23}r_2 u_2 + E_{33}u'_3 \tag{4.11}$$

Для трансверсально изотропного материала система (4.10) 6-го порядка после введения новых неизвестных

$$u = (r_1 u_1 + r_2 u_2)/r, \quad v = (r_2 u_1 - r_1 u_2)/r, \quad r^2 = r^2_1 + r^2_2 \tag{4.12}$$

распадается на системы 4-го и 2-го порядков

$$(G' + \sigma^0_{33})u'' - (E_{11} + \sigma^0)r^2 u + (G' + E_{13})r u'_3 = 0,$$

$$- (G' + E_{13})r u' + (E_{33} + \sigma^0_{33})u''_3 - (G' + \sigma^0)r^2 u_3 = 0, \tag{4.13}$$

$$(G' + \sigma^0_{33})v'' - (G + \sigma^0)r^2 v = 0, \quad r^2 \sigma^0 = r^2_1 \sigma^0_{11} + r^2_2 \sigma^0_{22}$$

Ищем решение, затухающее при удалении от поверхности $z = 0$

$$u_i, \sigma_{ij} \to 0 \qquad z \to -\infty. \tag{4.14}$$

Решение системы (4.13), удовлетворяющее условию (4.14), имеет вид

$$u_j(z) = \sum_{k=1}^{3} C_k u^{(k)}_j e^{\lambda_k z}, \quad j = 1, 3, \quad Re(\lambda_k) > 0, \tag{4.15}$$

где λ_k — корни ее характеристического уравнения.

Для изотропного материала решение системы (4.10), удовлетворяющее условию (4.11) и условиям $u_1(0) = u^0_1$, $u_2(0) = u^0_2$, $u_3(0) = u^0_3$, имеет вид:

$$u(z) = C_1 \lambda_1 e^{l_1 r z} + C_2 e^{\lambda_2 r z}, \quad u_3(z) = C_1 e^{\lambda_1 r z} + C_2 \lambda_2 e^{\lambda_2 r z}, \quad v(z) = v^0 e^{\lambda_3 r z} \tag{4.16}$$

Тогда из (4.11) при z=0 следует, что

$$\sigma_{i3}(0) = r(c_{i1}u_1^0 + c_{i2}u_2^0 + c_{i3}u_3^0), \quad i = 1, 2, 3 \tag{4.17}$$

Разложения для λ_i, c_{ij}, $i, j = 1, 2, 3$ по параметрам r_1, r_2 приводятся в [66].

4.1.3 Реакция основания

Рассмотрим оболочку на упругом основании, для которой справедливы уравнения равновесия (3.4) и прогиб w ищется в форме (3.9). Согласно условиям жесткого контакта пластины и основания, $u_3^0 = -w$. Значениями u_1^0 и u_2^0 по сравнению с u_3^0 можно пренебречь. Тогда, согласно [66], реакция основания P находится в виде:

$$P = \sigma_{33}(0) = -\frac{c_{33}rw}{R} \tag{4.18}$$

где первые три члена разложения коэффициента c_{33} имеют вид:

$$c_{33} = G_0\frac{4(1 - \nu_0)}{3 - 4\nu_0} + \sigma^0\frac{13 - 28\nu_0 + 16\nu_0^2}{2(3 - 4\nu_0)^2} - \sigma_{33}^0\frac{5 - 20\nu_0 + 16\nu_0^2}{2(3 - 4\nu_0)^2} \tag{4.19}$$

4.1.4 Выражение параметра нагружения

Подставляя (4.18) в систему (3.8), получаем следующее выражение для параметра нагружения Λ':

$$\Lambda' = \frac{1}{f_T(\varphi)}\left(\frac{f_R(\varphi)}{s^2 f(\varphi)} + \frac{s^2}{12n_\nu}\frac{g_1(s,\varphi)\cos^2\varphi + g_2(s,\varphi)\sin^2\varphi}{g_3(s,\varphi)} + \frac{\hat{\omega}}{s}\right) \tag{4.20}$$

где

$$\hat{\omega} = \frac{c_{33}}{E_1 h_*^{3/2}} \tag{4.21}$$

а $f(\varphi)$, $f_T(\varphi)$, $f_R(\varphi)$, $g_1(s,\varphi)$, $g_2(s,\varphi)$, $g_3(s,\varphi)$ — те же, что в (3.15), (3.16). Заметим, что в общем случае соотношение (4.20) носит неявный характер, поскольку в рассматриваемом нами случае параметр $\hat{\omega}$ зависит от предварительных напряжений, являющихся, в свою очередь, функциями параметра нагружения.

4.2 Устойчивость сферической оболочки с заполнителем

4.2.1 Расчет предварительных напряжений

Пусть ортотропная сферическая оболочка толщины h и радиуса R с изотропным заполнителем находится под действием однородного сжимающего усилия q_0. Пусть q — реакция основания. Тогда на саму оболочку действует однородная сжимающая сила, равная $q_0 - q$ (см. рис. 4.1) и значения проекций внутренних усилий находятся следующим образом [17]:

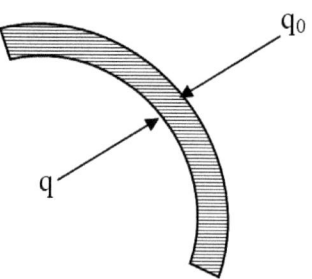

Рис. 4.1.

$$T_1 = T_2 = -\frac{(q - q_0)R}{2} \qquad (4.22)$$

Поскольку при однородном сжатии $t_1 = t_2 = 1$, $t_3 = 0$, из (3.6) следует, что

$$\lambda = \frac{(q - q_0)R}{2} \qquad (4.23)$$

Согласно первому уравнению равновесия,

$$\frac{1}{R}(T_1 + T_2) + q_0 - q = 0 \qquad (4.24)$$

Подставляя в (4.24) выражения для T_1 и T_2 из упругих соотношений (3.3), получим:

$$wh(E_1(1 + \nu_{21}) + E_2(1 + \nu_{12})) = (1 - \nu_{12}\nu_{21})(q_0 - q)R^2 \qquad (4.25)$$

Согласно [49], начальные напряжения σ_{11}^0, σ_{22}^0, σ_{33}^0 и нормальная проекция w вектора деформации находятся следующим образом:

$$\sigma_{11}^0 = \sigma_{22}^0 = \sigma_{33}^0 = \sigma^0 = -q \qquad (4.26)$$

$$w = \frac{1 - 2\nu_0}{E_0} Rq \qquad (4.27)$$

где E_0, ν_0 — модуль Юнга и коэффициент Пуассона материала заполнителя. Отсюда

$$q = \frac{2\lambda E_0(1 - \nu_{12}\nu_{21})}{(1 - 2\nu_0)h(E_1(1 + \nu_{21}) + E_2(1 + \nu_{12}))} = E_0\gamma\Lambda \qquad (4.28)$$

где $\Lambda = \dfrac{\lambda}{h}$, $\gamma = \dfrac{2(1 - \nu_{12}\nu_{21})}{(1 - 2\nu_0)(E_1(1 + \nu_{21}) + E_2(1 + \nu_{12}))}$

4.2.2 Выражение параметра нагружения

Чтобы найти реакцию опоры и явное выражение для параметра нагружения, вычислим сначала c_{33}. Подставляя (4.26) в (4.19) и учитывая (4.28), получаем:

$$c_{33} = E_0 a_0 + \sigma^0 \frac{4(1 - \nu_0)}{(3 - 4\nu_0)^2} = E_0 a_0 - q \frac{4(1 - \nu_0)}{(3 - 4\nu_0)^2} = E_0 a_0 - E_0\Lambda\gamma \frac{4(1 - \nu_0)}{(3 - 4\nu_0)^2} =$$

$$E_0 a_0 - E_0\Lambda\gamma' = E_0 a_0 - E_0\gamma' E_1 h_* \Lambda'$$

$$(4.29)$$

где $\gamma' = \dfrac{4(1 - \nu_0)}{(3 - 4\nu_0)^2}\gamma$, $\Lambda = E_1 h_* \Lambda'$, а параметр Λ' находится из (4.20). Из (4.21) и (4.29) находим параметр $\hat{\omega}$:

$$\hat{\omega} = \frac{E_0 a_0 - E_0\gamma' E_1 h_* \Lambda'}{E_1 h_*^{3/2}} = \omega - \zeta\Lambda', \quad \omega = \frac{E_0 a_0}{E_1 h_*^{3/2}}, \quad \zeta = \frac{E_0\gamma'}{h_*^{1/2}} \qquad (4.30)$$

Отсюда явное выражение для параметра нагружения Λ' из (4.20) имеет следующий вид:

$$\Lambda'(s, \varphi, \omega, \zeta) = \frac{s}{s f_T(\varphi) + \zeta}\left(\frac{f_R(\varphi)}{s^2 f(\varphi)} + \frac{s^2}{12n_\nu}\frac{g_1(s, \varphi)\cos^2\varphi + g_2(s, \varphi)\sin^2\varphi}{g_3(s, \varphi)} + \frac{\omega}{s}\right)$$

$$(4.31)$$

Заметим, что при игнорировании предварительных напряжений в основании ($\zeta = 0$) выражение (4.31) совпадает с полученным ранее в (3.14).

Рассмотрим на численном примере, как отличаются друг от друга модели устойчивости сферической оболочки с учетом и без учета предварительного напряжения заполнителя. Пусть у нас имеется трансверсально изотропная сферическая оболочка радиуса $R = 1$ с упругим заполнителем, подвергнутая однородному сжатию. Коэффициент Пуассона ν материала оболочки положим равным 0.3, основания — $\nu_0 = 0.4$. Из условия трансверсальной изотропии материала оболочки следует, что $c_1 = \dfrac{E_2}{E_1} = 1$, $c_2 = \dfrac{G_{12}}{E_1} = \dfrac{1}{2(1+\nu)} = 0.38$. Для безразмерных параметров внутренних усилий (3.6) имеем: $t_1 = t_2 = 1$, $t_3 = 0$.

Пусть Λ'_{1*} — значение параметра критической нагрузки, полученное в модели с учетом предварительных напряжений заполнителя, Λ'_{2*} — значение аналогичного параметра в модели без учета таковых. Проанализируем зависимость Λ'_{1*}, Λ'_{2*} от относительной жесткости заполнителя $e = \dfrac{E_0}{E_1}$ при $h_* = 0.001$ и $h_* = 0.01$. Как видно из рисунков 4.2 и 4.3 и таблиц 4.1, 4.2, в обеих моделях, с учетом и без учета предварительных напряжений, при увеличении жесткости заполнителя критическая нагрузка возрастает, а размер вмятин, возникающих при потере устойчивости, уменьшается. В силу трансверсальной изотропии сферической оболочки и симметрии рассматриваемой нагрузки коэффициенты волнообразования p и q будут одинаковы. Если $h_* = 0.01$, при возрастании относительной жесткости заполнителя с $e = 0.0001$ до $e = 0.1$ параметр Λ'_{1*} возрастает приблизительно в 12.3 раза, Λ'_{2*} — в 20.8 раз. С увеличением жесткости основания разница между Λ'_{1*} и Λ'_{2*} также увеличивается. Определим *относительное приращение* параметров критических нагрузок следующим образом:

$$\Delta_{OTH} = \frac{\Lambda'_{2*} - \Lambda'_{1*}}{\Lambda'_{2*}} \tag{4.32}$$

Графическая зависимость $\Delta_{OTH}(e)$ приведена на рисунке 4.4. Как видно из данного рисунка и таблиц 4.1, 4.2 с увеличением жесткости основания e величина $\Delta_{OTH}(e)$ также увеличивается. Так, при $e = 0.001$ значения обеих нагрузок весьма близки — они отличаются всего лишь на $\Delta_{OTH}(0.001) =$

0.1%, а при $e = 0.1$, когда жесткость заполнителя всего лишь в 10 раз меньше жесткости материала оболочки, Λ'_{1*} меньше Λ'_{2*} уже на целых 40%.

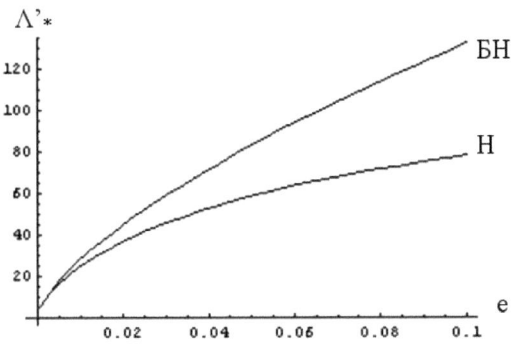

Рис. 4.2. График зависимости параметра критической нагрузки Λ'_* от относительной жесткости основания $e = \dfrac{E_0}{E_1}$ при $h_* = 0.001$ с учетом предварительных напряжений в заполнителе (Н) и без учета таковых (БН)

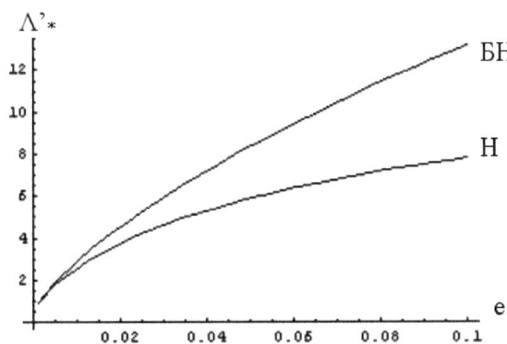

Рис. 4.3. График зависимости параметра критической нагрузки Λ'_* от относительной жесткости основания $e = \dfrac{E_0}{E_1}$ при $h_* = 0.01$ с учетом предварительных напряжений в заполнителе (Н) и без учета таковых (БН)

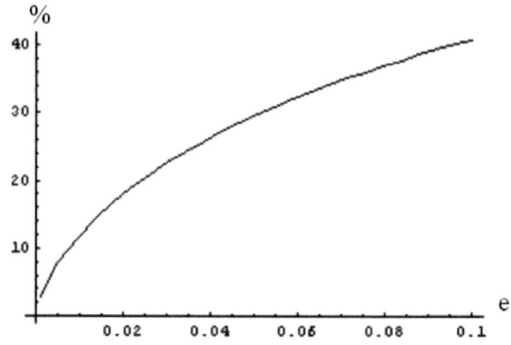

Рис. 4.4. График зависимости относительного приращения параметров критической нагрузки Δ_{OTH} от относительной жесткости основания $e = \dfrac{E_0}{E_1}$.

Таблица 4.1. Параметр критической нагрузки Λ'_{1*}, Λ'_{2*} и параметры волнообразования p, q при различных значениях относительной жесткости основания $e = \dfrac{E_0}{E_1}$. $h_* = 0.001$. Н — модель с учетом предварительных напряжений в заполнителе, БН — без учета таковых.

	Н		БН	
e	Λ'_{1*}	$p = q$	Λ'_{2*}	$p = q$
0.0001	1.495	55.053	1.503	55.177
0.0005	3.864	84.784	3.933	85.510
0.001	6.005	105.157	6.177	106.630
0.005	16.538	173.944	17.949	181.199
0.01	25.046	214.001	28.478	228.181
0.05	58.565	327.18	83.246	390.068
0.1	78.033	377.658	132.142	491.444

Таблица 4.2. Параметры критической нагрузки Λ'_{1*}, Λ'_{2*} и параметры волнообразования p, q при различных значениях относительной жесткости основания $e = \dfrac{E_0}{E_1}$. $h_* = 0.01$ Н — модель с учетом предварительных напряжений в заполнителе, БН — без учета таковых.

e	Н		БН	
	Λ'_{1*}	$p = q$	Λ'_{2*}	$p = q$
0.0001	0.634	13.013	0.635	13.021
0.0005	0.756	13.666	0.765	13.711
0.001	0.899	14.420	0.918	14.519
0.005	1.792	18.793	1.934	19.429
0.01	2.595	22.197	2.939	23.528
0.05	5.888	32.931	8.357	39.157
0.1	7.822	37.894	13.234	49.219

Глава 5

Устойчивость оболочек на упругом основании, армированных системами малорастяжимых нитей

5.1 Соотношения упругости для оболочек, армированных нитями

Оболочки, армированные нитями, рассматривались в работах [48, 81, 84, 12]. В данной главе мы исследуем вопрос устойчивости оболочек произвольной формы, находящихся на упругом основании и армированных системой малорастяжимых нитей, более подробно остановившись на случае сферических оболочек.

Пусть у нас имеется оболочка на упругом основании, состоящая из изотропного материала(матрицы), в которую внедрены n систем нитей, наклоненных под углами ξ_k к линиям кривизны, параллельным α. Будем предполагать далее, что нити распределены равномерно по толщине оболочки.

5.1.1 Соотношения между напряжениями и деформациями

Напряжения в оболочке σ_{ij} состоят из двух слагаемых — напряжений в матрице и осредненных напряжений сжатия/растяжения нитей. При осреднении жесткости нитей мы приходим к модели конструктивно ортотропной оболочки, где одна из осей ортотропии совпадает с направлением α.

Согласно [81],

$$\sigma_{11} = \left(F_m + \sum_{k=1}^{n} F_k c_k^4 \right) \varepsilon_{11} + \left(F_m \nu_m + \sum_{k=1}^{n} F_k c_k^2 s_k^2 \right) \varepsilon_{22},$$

$$\sigma_{12} = \left(\frac{1 - \nu_m}{2} F_m + \sum_{k=1}^{n} F_k c_k^2 s_k^2 \right) \varepsilon_{12}, \qquad (5.1)$$

$$\sigma_{22} = \left(F_m + \sum_{k=1}^{n} F_k s_k^4 \right) \varepsilon_{22} + \left(F_m \nu_m + \sum_{k=1}^{n} F_k c_k^2 s_k^2 \right) \varepsilon_{11},$$

где

$$F_m = \frac{E_m(1 - \rho)}{1 - \nu_m^2}, \quad F_k = \frac{\rho E'}{n}, \quad c_k = \cos \xi_k, \quad s_k = \sin \xi_k. \qquad (5.2)$$

Здесь E_m — модуль Юнга и ν_m — коэффициент Пуассона для матрицы, E' — модуль Юнга нитей, коэффициент $\rho < 1$ определяет относительный объем оболочки, занятый нитями. Случай $\rho = 0$ соответствует неподкрепленной оболочке. При этом считаем, что нити различных систем имеют одинаковые упругие свойства и занимаемый относительный объем. Эффектом поперечного сжатия нитей пренебрегаем.

5.1.2 Модули Юнга и коэффициенты Пуассона

Рассмотрим два частных случая — когда оболочка армирована двумя системами нитей, наклоненными под углами ξ_1 и $-\xi_1$ к α, и три системы, наклоненными под углами ξ_1, $-\xi_1$ и $\pi/2$. Интегрируя напряжения (5.1) по толщине оболочки из соотношений (2.7) для первого случая получаем:

$$E_1 = \frac{F_m(F_m(1 - \nu_m^2) + F_n(2c_1^4 + 2s_1^4 - 4c_1^2 s_1^2 \nu_m))}{F_m + 2F_n s_1^4},$$

$$E_2 = \frac{F_m(F_m(1 - \nu_m^2) + F_n(2c_1^4 + 2s_1^4 - 4c_1^2 s_1^2 \nu_m))}{F_m + 2F_n c_1^4}, \qquad (5.3)$$

$$\nu_{12} = \frac{F_m \nu_m + 2F_n c_1^2 s_1^2}{F_m + 2F_n s_1^4}, \quad \nu_{21} = \frac{F_m \nu_m + 2F_n c_1^2 s_1^2}{F_m + 2F_n c_1^4}$$

Для трех систем нитей

$$E_1 = \frac{F_m(F_m(1 - \nu_m^2) + F_n(1 + 2c_1^4 + 2s_1^4 - 4c_1^2 s_1^2 \nu_m)) + 2F_n^2 c_1^4}{F_m + F_n(1 + 2s_1^4)},$$

$$E_2 = \frac{F_m(F_m(1 - \nu_m^2) + F_n(1 + 2c_1^4 + 2s_1^4 - 4c_1^2 s_1^2 \nu_m)) + 2F_n^2 c_1^4}{F_m + 2F_n c_1^4}, \quad (5.4)$$

$$\nu_{12} = \frac{F_m \nu_m + 2F_n c_1^2 s_1^2}{F_m + F_n(1 + 2s_1^4)}, \quad \nu_{21} = \frac{F_m \nu_m + 2F_n c_1^2 s_1^2}{F_m + 2F_n c_1^4}$$

Упругие модули сдвига G_{ij} одинаковы в обоих случаях

$$G_{12} = \frac{1 - \nu_m}{2} F_m + 2F_n c_1^2 s_1^2, \quad G_{13} = G_{23} = \frac{1 - \nu_m}{2} F_m \quad (5.5)$$

При этом мы считаем, что при деформации сдвига на углы δ_1 и δ_2 нити не работают. Случай трех систем нитей рассмотрен в связи с тем, что две системы нитей не обеспечивают (без учета жесткости матрицы) жесткость оболочки в касательной плоскости.

5.2 Выражение параметра нагружения

Введем следующие обозначения:

$$\Delta_1 = \frac{E_1}{E_m}, \quad \Delta_2 = \frac{E_2}{E_m}, \quad \Delta_{12} = \frac{G_{12}}{E_m}, \quad \Delta_0 = \frac{G_{i3}'}{E_m}, \quad i = 1, 2 \quad (5.6)$$

где $D = \dfrac{12n_\nu}{h_*^2}$, модули Юнга E_1, E_2 находятся из (5.3) или (5.4), E_m — модуль Юнга матрицы, модуль сдвига G_{12} — из (5.5), $G_{i3}' = \dfrac{5}{6} G_{i3}$, $i = 1, 2$. Тогда из (3.12), (5.6) имеем:

$$\Lambda_1 = \Lambda/E_m = \frac{1}{t_1 p^2 + 2t_3 pq + t_2 q^2} \left(\frac{(\rho_2 p^2 + \rho_1 q^2)^2}{\dfrac{q^4}{\Delta_1} + \dfrac{p^4}{\Delta_2} + (\dfrac{1}{\Delta_{12}} - \dfrac{\nu_{12}}{\Delta_2} - \dfrac{\nu_{21}}{\Delta_1})p^2 q^2} + \right.$$

$$\left. + \Delta_0 \frac{p^2 G_1 + q^2 G_2}{H} + \frac{E_0 a_0}{E_m h_*} \sqrt{p^2 + q^2} \right)$$

$$(5.7)$$

где

$$G_1(p,q) = \Delta_2 \Delta_{12} n_\nu q^4 + \Delta_1 \Delta_{12} n_\nu p^4 + (\Delta_1 \Delta_2 - 2\Delta_2 \nu_{12} \Delta_{12} n_\nu - \Delta_2^2 \nu_{12}^2) p^2 q^2 +$$

$$+ D\Delta_0(\Delta_1 p^2 + (2\Delta_{12} n_\nu + \Delta_2 \nu_{12}) q^2)$$

$$G_2(p,q) = \Delta_1 \Delta_{12} n_\nu p^4 + \Delta_2 \Delta_{12} n_\nu q^4 + (\Delta_1 \Delta_2 - 2\Delta_2 \nu_{12} \Delta_{12} n_\nu - \Delta_2^2 \nu_{12}^2) p^2 q^2 +$$

$$+ D\Delta_0(\Delta_2 q^2 + (2\Delta_{12} n_\nu + \Delta_2 \nu_{12}) p^2)$$

$$H(p,q) = \Delta_1 \Delta_{12} n_\nu p^4 + \Delta_2 \Delta_{12} n_\nu q^4 + (\Delta_1 \Delta_2 - 2\Delta_2 \nu_{12} \Delta_{12} n_\nu - \Delta_2^2 \nu_{12}^2) p^2 q^2 +$$

$$+ D\Delta_0((\Delta_1 + \Delta_{12} n_\nu) p^2 + (\Delta_2 + \Delta_{12} n_\nu) q^2 + D\Delta_0)$$

$$(5.8)$$

а параметр a_0 находится из (3.11). Параметр критической нагрузки Λ_{1*} получаем минимизацией параметра Λ_1 по волновым числам p, q:

$$\Lambda_{1*} = \min_{p,q}{}^+ \Lambda_1(p,q) \qquad (5.9)$$

5.2.1 Случай двух систем нитей

Введем обозначения:

$$e_0 = \frac{E'}{E_m}, \quad h(c_1, s_1) = c_1^4 + s_1^4 - 2c_1^2 s_1^2 \nu_m \qquad (5.10)$$

Тогда величины Δ_1, Δ_2, Δ_{12}, Δ_0 согласно (5.3), (5.6) находятся следующим образом:

$$\Delta_1 = \frac{1 - \rho + \rho e_0 h(c_1, s_1)}{1 + s_1^4 \dfrac{\rho e_0(1 - \nu_m^2)}{1 - \rho}}, \quad \Delta_2 = \frac{1 - \rho + \rho e_0 h(c_1, s_1)}{1 + c_1^4 \dfrac{\rho e_0(1 - \nu_m^2)}{1 - \rho}},$$

$$\Delta_{12} = \frac{1 - \rho}{2(1 + \nu_m)} + \rho e_0 c_1^2 s_1^2, \quad \Delta_0 = \frac{5(1 - \rho)}{12(1 + \nu_m)},$$

$$\nu_{12} = \frac{(1 - \rho)\nu_m + \rho e_0(1 - \nu_m^2)c_1^2 s_1^2}{1 - \rho + \rho e_0(1 - \nu_m^2)s_1^4}, \quad \nu_{21} = \frac{(1 - \rho)\nu_m + \rho e_0(1 - \nu_m^2)c_1^2 s_1^2}{1 - \rho + \rho e_0(1 - \nu_m^2)c_1^4}$$

$$(5.11)$$

Численный пример 1. Рассмотрим пример однородного сжатия оболочки сферической формы, армированной двумя системами упругих нитей, расположенных под углами ξ_1 и $-\xi_1$ к направлению α. Пусть $\nu_m = 0.1$, $e_0 = 100$, $\rho = 0.1$, $h_* = 0.01$. На рисунке 5.1 представлена зависимость $\Lambda_{1*}(\xi_1)$ при значениях жесткости основания $\omega = 0.001$ (кривая 1) и $\omega = 0.01$ (кривая 2). Более подробно эта зависимость отражена в таблице 5.1. Как видно из графика и таблицы, при увеличении жесткости основания критическая нагрузка также увеличивается. Так, при $\xi_1 = 0.1$ с увеличением ω в 10 раз — с 0.001 до 0.01 Λ_{1*} возрастает приблизительно на 5.3 %, с с 0.01 до 0.1 — уже на 46 %. При фиксированном ω максимальное значение параметра критической нагрузки $\Lambda_{1*}(\xi_1)$ достигается при малых значениях угла ξ_1. Эти значения при приведены в таблице 5.2. Дальнейшее уменьшение угла наклона нитей ξ_1 приводит к быстрому убыванию критической нагрузки (см. рис. 5.1) Вследствие симметрии нагрузки и расположения нитей график $\Lambda_{1*}(\xi_1)$ симметричен относительно прямой $\xi_1 = \dfrac{\pi}{4}$.

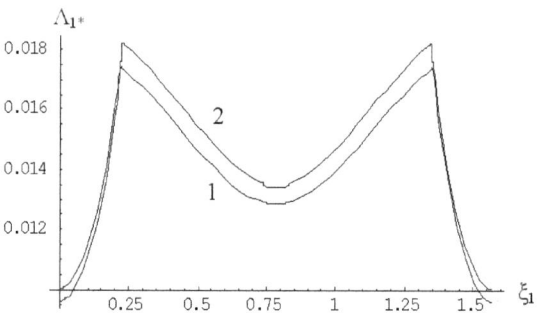

Рис.5.1. Зависимость параметра критической нагрузки Λ_{1*} от угла наклона нитей к направлению α при $\omega = 0.001$ (кривая 1) и $\omega = 0.01$ (кривая2).

Таблица 5.1. Параметр критической нагрузки Λ_{1*} при различных значениях угла ξ_1 и жесткости основания ω.

ω	$\xi_1 = 0.01$	0.1	0.22	0.3	0.5	$\pi/4$
0.001	0.0100	0.0111	0.0173	0.0167	0.0147	0.0129
0.01	0.0100	0.0115	0.0176	0.0176	0.0154	0.0135
0.1	0.0140	0.0153	0.0203	0.0257	0.0257	0.0228

Таблица 5.2. Наибольшее значение параметра критической нагрузки Λ_{1*} и соответствующий ему угол наклона ξ_1 при различных значениях жесткости основания ω.

ω	ξ_1^0	Λ_{1*}^0
0.001	0.220	0.0174
0.01	0.220	0.0182
0.1	0.282	0.0258

5.2.2 Случай трех систем нитей

Аналогично п. 5.2.1 имеем:

$$e_0 = \frac{E'}{E_m}, \quad h(c_1, s_1) = 1 + 2c_1^4 + 2s_1^4 - 4c_1^2 s_1^2 \nu_m \tag{5.12}$$

$$\Delta_1 = \frac{1 - \rho + \dfrac{\rho e_0 h(c_1, s_1)}{3} + \dfrac{2e_0^2 c_1^4 (1 - \nu_m^2)}{9(1 - \rho)}}{1 + (1 + 2s_1^4)\dfrac{\rho e_0 (1 - \nu_m^2)}{3(1 - \rho)}},$$

$$\Delta_2 = \frac{1 - \rho + \dfrac{\rho e_0 h(c_1, s_1)}{3} + \dfrac{2e_0^2 c_1^4 (1 - \nu_m^2)}{9(1 - \rho)}}{1 + c_1^4 \dfrac{2\rho e_0 (1 - \nu_m^2)}{3(1 - \rho)}},$$

$$\Delta_{12} = \frac{1 - \rho}{2(1 + \nu_m)} + \frac{2}{3}\rho e_0 c_1^2 s_1^2, \quad \Delta_0 = \frac{5(1 - \rho)}{12(1 + \nu_m)},$$

$$\nu_{12} = \frac{(1 - \rho)\nu_m + \dfrac{2}{3}\rho e_0 (1 - \nu_m^2) c_1^2 s_1^2}{1 - \rho + \dfrac{1}{3}\rho e_0 (1 - \nu_m^2)(1 + 2s_1^4)}, \quad \nu_{21} = \frac{(1 - \rho)\nu_m + \dfrac{2}{3}\rho e_0 (1 - \nu_m^2) c_1^2 s_1^2}{1 - \rho + \dfrac{2}{3}\rho e_0 (1 - \nu_m^2) c_1^4}$$

$$\tag{5.13}$$

Численный пример 2. Пусть у нас имеется оболочка сферической формы, армированная тремя системами упругих нитей, расположенных под углами ξ_1, $-\xi_1$ и $\dfrac{\pi}{2}$ к направлению α. Как и в предыдущем примере, $\nu_m = 0.1$, $e_0 = 100$, $h_* = 0.01$. Вследствие появления третьей системы нитей $\rho = 0.15$.

На графике (рис. 5.2) представлена зависимость $\Lambda_{1*}(\xi_1)$ при $\omega = 0.001$ (кривая 1) и $\omega = 0.1$ (кривая 2). В таблице 5.3 эта зависимость приведена детально. Нетрудно видеть, что при увеличении жесткости основания критическая нагрузка также увеличивается. Так, при $\xi_1 = 0.1$ с увеличением ω с 0.001 до до 0.1 Λ_{1*} увеличивается на 5.3 %. Как можно видеть из рис. 5.2, при значениях угла наклона $\xi_1 < \xi_1^0$ критическая нагрузка монотонно возрастает, при $\xi_1 > \xi_1^0$ — монотонно убывает. В отличие от случая с системой двух нитей, в данном примере минимум функции $\Lambda_{1*}^0 = \max_{[0,\frac{\pi}{2}]} \Lambda_{1*}(\xi_1)$ достигается при достаточно больших значениях ξ_1^0, в рассматриваемых примерах приблизительно равных 0.65 рад. (см.рис. 5. 2 и таблицу 5.4).

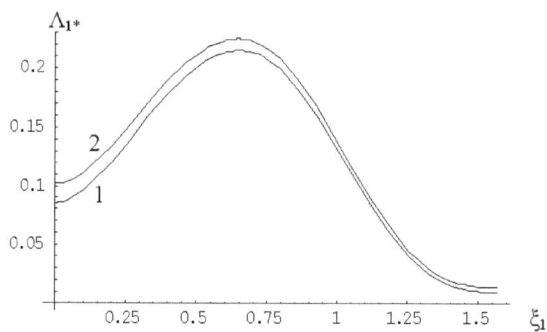

Рис.5.2. Зависимость параметра критической нагрузки Λ_{1*} от угла наклона нитей к направлению α при $\omega = 0.001$ (кривая 1) и $\omega = 0.1$ (кривая 2).

Таблица 5.3. Параметр критической нагрузки Λ_{1*} при различных значениях угла ξ_1 и жесткости основания ω.

ω	$\xi_1 = 0.1$	0.3	0.5	0.65	0.7	0.9	1.1	1.3	1.5
0.001	0.0960	0.1505	0.2011	0.2153	0.2134	0.1690	0.0908	0.0303	0.0109
0.01	0.0974	0.1516	0.2020	0.2162	0.2143	0.1697	0.0913	0.0307	0.0113
0.1	0.1111	0.1628	0.2118	0.2252	0.2230	0.1770	0.0965	0.0343	0.0151

Таблица 5.4. Наибольшее значение параметра критической нагрузки Λ_{1*} и соответствующий ему угол наклона ξ_1 при различных значениях жесткости основания ω.

ω	ξ_1^0	Λ_{1*}^0
0.001	0.648	0.2153
0.01	0.648	0.2162
0.1	0.645	0.2252

Заключение

В данной работе была рассмотрена задача исследования локальной устойчивости ортотропных оболочек произвольной формы, находящихся на упругом основании. Особое внимание было уделено локальной устойчивости оболочек с предварительно напряженным заполнителем и оболочек на упругом основании, армированных системой малорастяжимых нитей. В каждом из рассмотренных случаев задача нахождения критической нагрузки при действии на оболочку усилий конкретного вида была сведена к нахождению положительного минимума параметра нагружения как функции нескольких переменных. Общие результаты, полученные в каждой из этих задач, иллюстрированы в виде численных примеров, в явном виде демонстрирующих возникающие здесь закономерности. Поскольку поставленные условия лежали в рамках локальной теории устойчивости, случаи существенного влияния граничных условий на критическую нагрузку, такие как слабое закрепление края, не рассматривались. Обладая простотой и наглядностью, локальный подход может быть приемлем для широкого класса прикладных задач, связанных с потерей устойчивости оболочечных конструкций, для которых применима двумерная теория оболочек.

Литература

[1] Агаловян Л.А., Гулгазарян Л.Г. Асимпотические решения некласических краевых задач о собственных колебаниях ортотропных оболочек // Прикладная математика и механика, 2006, т. 70, вып. 1, С. 111–125.

[2] Александров А.Я., Бородин И.Я., Павлов В.В. Конструкции из пенопластов. М., Машиностроение, 1972.

[3] Александров А.Я., Наумова М.И. Об определении оптимальных параметров элементов авиационных конструкций типа трехслойных пластин и пологих оболочек с сотовым заполнителем// Актуальные проблемы авиационной науки и техники. М., Машиностроение, 1984, С. 4–14

[4] Александров В.М. Некоторые контактные задачи для балок, пластин и оболочек// Инженерный журнал, 1965, т.5, №4, С. 782–785

[5] Амбарцумян С.А. Общая теория анизотропных оболочек. М.,Наука, 1974.

[6] Белозеров Л.Г., Киреев В.А. Композитные оболочки при тепловых и силовых воздействиях. М., Физматлит, 2003.

[7] Биргер И.А. Стержни, пластинки, оболочки. М., Физматлит, 1992.

[8] Божкова Л.В. Распределение давлений в области контакта цилиндрической трубы с жестким цилиндрическим основанием// Сборник трудов МИСИ. М., 1969, №63, С. 90–95.

[9] Божкова Л.В., Паненкова Т.П. О контактном взаимодействии цилиндрической оболочки и упругого основания// Труды VII Всесоюзной конференции по теории оболочек и пластинок. М., Наука, 1970, с. 88–92

[10] Болотин В.В., Новичков Ю.Н. Механика многослойных оболочек. М., Машиностроение, 1980.

[11] Варвак А.П. Устойчивость цилиндрической оболочки на упругом основании с двумя коэффициентами постели// Сопротивление материалов и теория сооружений, вып. 7. Киев, "Будивельник", 1968.

[12] Викторов И.В., Товстик П.Е. Влияние сдвига на устойчивость ортотропных цилиндрических оболочек при осевом сжатии// Вестник Санкт-Петербургского ун-та, сер. матем., механ., астрон. 2004, №4, С. 58–67.

[13] Галимов К.З. и др. Теория оболочек с учетом поперечного сдвига. Изд-во Казанского ун-та, 1977.

[14] Георгиевский В.П. Устойчивость ортотропной цилиндрической оболочки, скрепленной с нелинейно-упругим заполнителем// Прикладная механика, 1989, №1, С. 60–65.

[15] Георгиевский В.П., Тарасова А.Г. Устойчивость ортотропной цилиндрической оболочки с заполнителем при действии внешнего давления// Механика твердого тела, 2001, №1, С. 167–173.

[16] Гнуни В.Ц. Анализ влияния поперечных сдвигов на характеристики жесткости, устойчивости и колебаний пологих оболочек двоякой постоянной кривизны// Известия НАН Армении, 2003, т. 56. №4, С. 39–45.

[17] Гольденвейзер А.Л. Теория упругих тонких оболочек. М., Наука, 1976.

[18] Григолюк Э.И., Толкачев В.М. Цилиндрический изгиб пластины жесткими штампами// Прикладная математика и механика, 1975, т. 39, №5, С. 876–883

[19] Григолюк Э.И., Кабанов В.В. Устойчивость оболочек. М.,Наука, 1978.

[20] Громов А.Н. Устойчивость цилиндрической оболочки с упругим заполнителем под действием внешнего нормального давления// Вестник Санкт-Петербургского ун-та, сер. матем., механ., астрон. 2000, №2, С. 84–91.

[21] Громов А.Н. Устойчивость анизотропной цилиндрической оболочки с заполнителем под действием внешнего нормального давления// Вестник Санкт-Петербургского ун-та, Сер. матем., механ., астрон., 2002, №2, С. 71–78.

[22] Гусев А.М., Иванов В.А. Устойчивость прямоугольных пластин, сжатых в одном направлении, на упругом основании// Труды семинара по теории оболочек, вып. 3. Казанский физ.-тех. ин-т АН СССР, 1973

[23] Гусев А.М., Иванов В.А. К вопросу о граничных условиях в задачах устойчивости пластин на упругом основании// Труды семинара по теории оболочек, вып. 4. Казанский физ.-тех. ин-т АН СССР, 1974

[24] Гусев А.М., Иванов В.А. Устойчивость пластин на упругом основании при комбинированном нагружении// Труды семинара по теории оболочек, вып. 5. Казанский физ.-техн. ин-т АН СССР, 1974.

[25] Доннелл Л.Г. Балки, пластины и оболочки. М., Наука, 1982.

[26] Ендогур А.И., Вайнберг М.В., Иерусалимский К.М. Сотовые конструкции. Выбор параметров и проектирование. М., Машиностроение, 1986.

[27] Зайденберг А.И., Лебедев Г.Б. Устойчивость прямоугольной шарнирно опертой по контуру пластинки на упругом основании// Известия вузов, Строительство и архитектура, 1971, №9.

[28] Зарипов Р.М., Иванов В.А. Контактные усилия между цилиндрической оболочкой с заполнителем и упругим основанием// Труды семинара по теории оболочек. Казанский физико-технический институт АН СССР, 1975, №6, С. 306–313

[29] Иванов О.Н. Локальная устойчивость ортотропной цилиндрической оболочки, частично заполненной упругим заполнителем, находящейся под внешним давлением// Механика полимеров, 1971, №3, С. 538–542.

[30] Ильгамов М.А., Иванов В.А., Гулин Б.В. Прочность, устойчивость и динамика оболочек с упругим заполнителем. М.,Наука, 1977.

[31] Карасев А.В., Малютин И.С. Устойчивость стеклопластиковой цилиндрической оболочки с упругим заполнителем при кручении// Механика полимеров, 1970, №6, С. 1082–1086.

[32] Карасев С.В. Цилиндрическая оболочка, лежащая на жестком ложементе// Сборник аспирантских работ Казанского университета. Точные науки. Математика, Механика. Казань, 1976, С. 119–124

[33] Корбут Б.А. Об устойчивости в "большом"тонкостенной сферы, опирающейся внутренней поверхностью на упругое основание// Известия вузов. Строительство и архитектура, 1962, №4.

[34] Корбут Б.А. Об устойчивости цилиндрической оболочки с упругим заполнителем// Известия АН Армянской ССР, сер. физ.-мат. наук, 1965, т. 18, вып. 4.

[35] Корбут Б.А. Устойчивость сферической оболочки с упругим заполнителем при действии нагрузок и температуры// Известия вузов. Авиационная техника, 1965, №4, С. 97–102.

[36] Корбут Б.А. Устойчивость цилиндрической оболочки с упругим заполнителем при действии нагрузок и температуры// Проблемы устойчивости в строительной механике. М., Стройиздат, 1965.

[37] Корбут Б.А., Саксонов С.Г. Устойчивость цилиндрической оболочки с упругим заполнителем при внешнем радиальном давлении// Известия вузов. Авиационная техника, 1966, №2

[38] Крысин В.Н. Слоистые клееные конструкции в самолетостроении. М., Машиностроение, 1984.

[39] Микишева В.И. О влиянии жесткости упругого заполнителя на форму потери устойчивости и величину критической нагрузки цилиндрических оболочек из стеклопластика при осевом сжатии// Механика полимеров, 1971, №5, С. 931–939.

[40] Михеев А.В. Влияние сдвига на локальную устойчивость пологих оболочек на упругом основании// Асимптотические методы в механике деформируемого твердого тела. Сборник трудов, посвященных 70-летию профессора П.Е. Товстика. СПб., ВВМ, 2006.

[41] Михеев А.В. Исследование локальной устойчивости пологих ортотропных оболочек на упругом основании// Вестник Санкт-Петербургского ун-та, сер. матем., механ., астрон. 2007, №2.

[42] Михеев А.В. Влияние сдвига на локальную устойчивость пологих ортотропных оболочек на упругом основании// Вестник Санкт-Петербургского ун-та, сер. матем., механ., астрон. 2007, №3.

[43] Михеев А.В. Влияние сдвига на локальную устойчивость пологих оболочек на упругом основании// Четвертые поляховские чтения. Тезисы докладов. СПб., ВВМ, 2006.

[44] Михеев А.В. Устойчивость ортотропных оболочек отрицательной кривизны на упругом основании// Материалы XIV международной конференции студентов, аспирантов и молодых ученых "Ломоносов". М., СП "Мысль", 2007.

[45] Михеев А.В. Исследование локальной устойчивости пологих ортотропных оболочек на упругом основании в моделях Тимошенко и Кирхгофа—Лява// Международный конгресс "Нелинейный динамический анализ-2007". Тезисы докладов. СПбГУ, 2007.

[46] Михеев А.В. Зависимость критической нагрузки и формы потери устойчивости сферической ортотропной оболочки на упругом основании от ее упругих параметров// Труды семинара "Компьютерные методы в механике сплошной среды 2006-2007 гг.". Изд-во СПбГУ, 2007.

[47] Нарусберг В.Л., Рикардс Р.Б. Влияние поперечного сдвига на устойчивость ортотропной цилиндрической оболочки с упругим заполнителем при осевом сжатии// Механика полимеров, 1973, №2.

[48] Немировский Ю.В., Янковский А.П. Рациональное проектирование армированных конструкций. Новосибирск, Наука, 2002.

[49] Новацкий В. Теория упругости. М., Мир, 1975.

[50] Панин В.Ф., Гладков Ю.А. Конструкции с заполнителем. М., Машиностроение, 1991.

[51] Панин В.Ф. Конструкции с сотовым заполнителем. М., Машиностроение, 1982.

[52] Пастернак П.Л. Исследование пространственной работы монолитных железобетонных конструкций// Труды МИСИ, №4. М., Стройиздат, 1940.

[53] Пастернак П.Л. Основы нового метода расчета фундаментов на упругом основании при помощи двух коэффициентов постели. М., Стройиздат, 1954.

[54] Пелех Б.Л., Тетерс Г.А., Мельник Р.В. Об устойчивости стеклопластиковых пластинок, связанных с упругим основанием// Механика полимеров, 1968, №6, С. 1082–1088.

[55] Пелех Б.Л., Сысак Р.Д. О давлении твердого тела на трансверсально изотропную пластинку, связанную с упругим основанием// Известия АН Арм. ССР. Механяка, 1970, т. 23, №3, С. 36–42

[56] Пелех Б.Л., Сысак Р.Д. О контактных задачах для балок и пластинок с низкой сдвиговой жесткостью// Механика полимеров, 1970, №4, С. 715–720.

[57] Прохоров Б.Ф., Кобелев В.Н. Трехслойные конструкции в судостроении. Л., Судостроение, 1972.

[58] Работнов Ю. Н. Локальная устойчивость оболочек// Доклады АН СССР, 1946, т. 52, №2, С. 111–112.

[59] Смирнов А.Л. Устойчивость армированных оболочек// Обозрение прикладной и промышленной математики, 2000, №2, С. 417.

[60] Сухинин С.Н., Микишева В.И., Смыков В.И. Экспериментально-теоретические исследования устойчивости ортотропных оболочек с заполнителем при осевом сжатии// Механика полимеров, 1978, №3, С. 485–489.

[61] Тимошенко С.П. Теория упругости. М., ОНТИ, 1934.

[62] Товстик П.Е. К задаче о колебаниях тонкого упругого слоя, находящегося в контакте с мягким упругим телом// Вестник Ленинградского ун-та, сер. матем., механ., астрон. 1986, №1.

[63] Товстик П.Е. Потеря устойчивости тонких оболочек, связанная со слабым закреплением края // Вестник Ленинградского университета. Сер. матем., механ., астрон. 1991, №3, С. 76–81.

[64] Товстик П. Е. Устойчивость тонких оболочек. М.,Наука, 1995.

[65] Товстик П. Е. Локальная устойчивость пластин и пологих оболочек на упругом основании// Известия РАН, 2005, Вып. 1, С. 147–160.

[66] Товстик П.Е. Реакция упругого предварительно напряженного основания// Вестник Санкт-Петербургского университета, Сер. матем., механ., астрон., 2006, №4, С. 98–108.

[67] Францев М. Э. Применение многослойных оболочковых конструкций на матрице из легких сплавов на малых судах// Судостроение, 2005, №1.

[68] Чамис К. Анализ и проектирование конструкций. Т.7, М., Машиностроение, 1978.

[69] Чернов Ю.Г. Опыт применения сотовых конструкций в крыле самолета// Очерки по истории конструкций и систем самолетов ОКБ имени С.В. Ильюшина. Кн. 2. М., Машиностроение, 1983.

[70] Шенли Ф.Р. Анализ веса и прочности самолетных конструкций. М., Оборонгиз, 1957.

[71] Ширшов В. П. Локальная устойчивость оболочек// Труды второй всесоюзной конференции по теории оболочек и пластин. Киев, 1962, С. 314–317.

[72] Щунгский Б.Е. Строительные конструкции с сотовым заполнителем. М., Стройиздат, 1977.

[73] Almroth B.O., Brush D.O. Postbuckling behavior of pressure–or core–stabilized cylinders under axial compression// AIAA J., 1963, v.1, №10.

[74] Ariman T. Buckling of thin plates on an elastic foundation// Bautechnic, 1969, v. 46, №2.

[75] Bert C.W. Buckling of axially compressed core-filled cylinders with transverse shear flexibility// J.Space craft and Rockets, 1971, v.8, №5.

[76] Brush D.O., Almroth B.O. Buckling of core–stabilized cylinders under axisymmetric external loads// J. Aerospace Sci., 1962, v.29, № 10.

[77] Brush D.O., Pittner E.V. Influence of cushion stiffness on the stability of cushion-loaded cylindrical shells// AIAA J., 1965, v.3, №2.

[78] Eringer A.C. Buckling of a sandwich cylinder under uniform axial compressive load// J.of Appl. Mech., 1951, v.18, №12.

[79] Federhofer K. Knicklast der axial gedruckten Kreiszylinderschale bei Vorhandensein eines entlang des Zylindermantels veranderlicchen elastishen Widerstandes// Ost. Ingenieur–Archiv, Bd. VIII, H. 2–3, Wien, 1954.

[80] Forrestal M.J., Hermann G. Buckling of a long cylindrical shells surrounded by an elastic medium// Internat.J. Solids and Struct., 1965, v.1, №3.

[81] Haseganu E.M., Smirnov A.L.,Tovstik P.E. Buckling of thin anisotropic shells.// Trans. CSME. 2000. v.24, No 1B, P. 169–178.

[82] Holston A.J. Stability of inhomogenious anisotropic cylindrical shells containing elastic core// AIAA J., 1967, v.5, №6.

[83] Kachman D.R. Test report on buckling of propellant cylinders under compressive loads// Space technology labs., Inc., April 25, 1960.

[84] Kaplunov Ju.D., Kossovich L. Ju., Nolde E.V. Dynamics of thin walled elastic bodies. London, Academic Press, 1998.

[85] Kerr A.D., Myint U.T. The stability of core-filled long cylinders subjected to uniform outside pressure// Internat. J. Mech. Sci., 1965, v.7, №5.

[86] Kirchhoff G., Vorlesungen uber mathematische Physik, Bd.1, Mechanik, 1876

[87] Love A., On the small free vibrations and deformation of thin elastic shell// Phil. Trans. Roy. Soc., vol. 179(A), 1888.

[88] Lu S.V., Nash W.A. Buckling of thin cylindrical shell stiffened by a soft elastic core. University of Florida, Florida Engineering and Industrial Experiment Station. Tech. Paper, №259, 1963.

[89] Mah G.V., Almroth B.O., Pittner E.V. Buckling of orthotropic cylinders// AIAA J., 1968, v.6, №4.

[90] Myint U.T. Stability of axially compressed core-filled cylindres// AIAA J., 1966, v.4, №3.

[91] Myint U.T. Post buckling behaviour of axially compressed core-filled cylindres// Z. angew. Math. and Mech., 1969, v. 49, №7.

[92] O'Neal A.P. Preliminary results of compression test-sustainer motor case. DM-15, Memorandum A260 STRE-214, Missiles and Space systems engineering, Douglas Aircraft Company, Santa Monica, Calif., 1959.

[93] Reissner E. Memorandum on effect of soft solid core on buckling of axially loaded circular cylindrical shells. Lockheed aircraft corp., Missile systems div., Structures Study, № 64, Aug. 12, 1957.

[94] Seide P. The stability under axial compression and lateral pressure of circular-cylindrical shell with an elastic core. Space Technology Labs, Inc., EM-10-1. March, 1960.

[95] Seide P. The stability under axial compression and lateral pressure of circular-cylindrical shell with a soft elastic core// J. Aerospace Sci., 1962, v, 29, №7.

[96] Seide P., Weingarten V.I. The buckling uniform external pressure of circular rings and long cylinders enclosing an elastic material. Space technology Labs, Inc., EM 9-25, №15, 1959.

[97] Seide P., Weingarten V.I. ARS J., 1962, v. 32, №5.

[98] Structural Sandwich Composites// MIL-HDRK-23A. 30 Dec.1968. Supersending MIL-HDBRK-23 Part I; ANC-23 Part II; MIL-HDBRK-23 Part III

[99] P.E.Tovstik and T.P.Tovstik. On the 2D models of plates and shells including the shear// ZAMM, 2007, **87**, No 2, 160–171.

[100] Weingarten V.I. Stability under torsion of circular cylindrical shells with an elastic core// ARS J., 1962, v. 32, №4.

[101] Yao J.C. Buckling of axially compressed long cylindrical shell with elastic core// Trans. ASME, ser. E., J. Appl. Mech., 1962, v. 29, №2.

[102] Zak A.R., Bollard R.J.H. Buckling of thin short cylindrical shells filled with an elastic core// Developm. Mech., v.1, New York, 1961.

[103] Zak A.R., Bollard R.J.H. Elastic buckling of cylindrical thin shells filled with an elastic core// ARS J., 1962, v.32, №4.

[104] Zak A.R., Williams M.L. Structural instability of solid propellant rocket motor. Collected Papers on Instability of shells structures, NASA TN-D 1510, 1962.

I want morebooks!

Покупайте Ваши книги быстро и без посредников он-лайн – в одном из самых быстрорастущих книжных он-лайн магазинов! окружающей среде благодаря технологии Печати-на-Заказ.

Покупайте Ваши книги на
www.more-books.ru

Buy your books fast and straightforward online - at one of the world's fastest growing online book stores! Environmentally sound due to Print-on-Demand technologies.

Buy your books online at
www.get-morebooks.com

VDM Verlagsservicegesellschaft mbH
Heinrich-Böcking-Str. 6-8   info@vdm-vsg.de
D - 66121 Saarbrücken   Telefax: +49 681 93 81 567-9   www.vdm-vsg.de

Printed by Books on Demand GmbH, Norderstedt / Germany